Quantenpsychologie und mentale Quantenwerkzeuge

Krystian Defer

...Die größten Berge liegen im Flachland....

Einführung

Diese Veröffentlichung ist für mich einzigartig. In ihr habe ich meine bestimmte Optik der Beschreibung wissenschaftlicher Gesetze nicht so sehr aus der Sicht der Physik (esoPhysics), sondern eher aus der Sicht der Psychologie und der Quantenpsychologie geändert. Natürlich gibt es auch hier viel Physik, schließlich ist alles Physik, und die Mathematik ist ihre Sprache und Beschreibung, aber vor allem liegt in dieser Publikation ein starker Akzent auf der Verwendung von mentalen Quantenwerkzeugen, als Möglichkeiten, sich die Realität anzueignen und diese Realität nach diesem Prinzip zu modellieren ... wenn ein Mensch so herumhantiert, passt ihm immer etwas nicht, und das kann dann mit mentalen Quantenwerkzeugen geändert werden. Und all dies ist eine Manifestation des Übergangs zu einer neuen Ebene unserer Zivilisation, der sogenannten Zivilisation des Quantenmenschen. Es ist unwahrscheinlich, dass wir ein Paradies auf der Erde errichten werden, aber mit mentalen Quantenwerkzeugen werden wir in der Lage sein, uns mehr um unsere eigene Gesundheit, unser Glück und unseren Erfolg im Leben zu kümmern. Das wünsche ich jedem meiner Leser von ganzem Herzen.

1 Quantenpsychologie. Anpfiff

Diese Strömung der Psychologie ist ein Novum, denn nie zuvor hat sich diese Wissenschaft so direkt auf Konzepte der Quanten- und Kognitionswissenschaft bezogen und versucht, die Gesetze der Natur und der Physik anzuwenden, um den qualitativen Komfort des menschlichen Geisteslebens zu verbessern. Solche Versuche begannen erst in den späten 1980er Jahren. Der offizielle Versuch, die Angemessenheit eines solchen Ansatzes in der Psychologie im Rahmen der Quantenwissenschaft zu erklären, besteht in der Feststellung, dass die Quantengesetze auf die menschlichen mentalen Prozesse einwirken, weil sie universelle Naturgesetze sind, und dies ist eine unbestreitbare Tatsache. Nur die Frage der Erklärung dieses Einflusses stößt auf die eher konservative Behandlung durch die offizielle Interpretation der Quantenphysik, die von Physikern im Allgemeinen akzeptiert wird und die extrem atheistisch und materialistisch und einseitig ist. Sie erkennt als physikalische

Tatsachen nur das an, was gemessen werden kann, d.h. physikalistische Prozesse. Dies wird als Physikalismus bezeichnet. Entweder die Kopenhagener Interpretation der Quantenmechanik oder einer ihrer zahlreichen Klone, oder die Everett-Interpretation oder die Multiversum-Interpretation gelten als offiziell. Und selbst solche Vertreter des Quantenansatzes in der Psychologie wie Joe Dispenza oder Amid Goswami wissen nicht, wie sie über den offiziellen Mainstream der Quantenphysik hinausgehen können. Und nur zur Erinnerung: Einstufige Interpretationen des Quantenthemas führen auf einfachem Weg zu deskriptiven und logischen Inkonsistenzen und zahlreichen Paradoxien. Wie dem auch sei, wie das Problem der Messung in der Quantenwissenschaft oder sogar Schrödingers Katzenparadoxon oder auch die Unmöglichkeit, das Phänomen der Radiästhesie auf der Grundlage der offiziellen Strömung der Quantenwissenschaft zu erklären. Man kann natürlich die offensichtlichen empirischen Beweise für die Existenz feinstofflicher Energien in der Radiästhesie übersehen und ignorieren. Nur, wie lange kann man das? Schließlich basiert die Physik auf Empirie, und die Tatsache, dass der offizielle Mainstream der Wissenschaft das Phänomen der Radiästhesie oder andere Paradoxien der Quantenphysik nicht erklären kann, beweist nicht, dass sie nicht existieren. Schließlich ist die Radiästhesie reine Empirie. Nun, man muss einfach demütig akzeptieren, dass alle einstufigen Interpretationen der Quantenphysik mit dem Flaggschiff Kopenhagener Interpretation falsch sind, und nach einer neuen, vernünftigen Interpretation der Quantenphysik suchen. Meiner Meinung nach gibt es eine solche Interpretation, und ich habe sie in die esoPhysics meines Autors aufgenommen. Die berechtigte Frage lautet: Warum hat nach mehr als einem Jahrhundert seit der Entdeckung der Quantenmechanik zumindest der offizielle Mainstream der Wissenschaft immer noch keine korrekte und wahre Interpretation der Quantenmechanik entwickelt? Antwort: weil der mathematische Formalismus der Quantenmechanik fehlerfrei ist und die Physiker sich von David Merins berühmtem Aufruf leiten lassen: Klappe halten! Der Formalismus allein ist völlig ausreichend, und sie nutzen ihn unreflektiert auf Schritt und Tritt aus und überlassen die Interpretation ihres Tuns den Philosophen. Leider ist die Auswirkung davon beklagenswert, und leider wissen die Wissenschaftler, nicht nur die Physiker, nicht wirklich, in was für einer Welt sie leben. Deshalb werde ich in dieser Publikation ab und zu die Grundlagen der esoPhysik, der meiner Meinung nach einzig sinnvollen Interpretation der Quantenphysik, einfließen lassen. Aber seien Sie versichert, dass dies kein Buch wie meine "Kognitive Prothese" sein wird, in der ich die gesamte esoPhysik mehr oder weniger gekonnt dargestellt habe. Es hat sich herausgestellt, dass es für einen mäßig bewanderten Leser der Physik wahrscheinlich ein bisschen zu schwierig war. Um jedoch zu erklären, wie sich das Quantum in den

Verfahren der Quantenpsychologie manifestiert, muss ich einige Themen ansprechen. Erstens: Der Mensch als Teil der Natur muss sich der Mittel bedienen, die zu dieser Natur gehören. Und alle physikalischen Prozesse vollziehen sich unter dem Einfluss von Ursachen, die bestimmte Wirkungen hervorrufen. Im Hinblick auf den Menschen ist diese Ursache (Kausal) sein freier Wille. Sonst kann der Mensch nicht handeln, die Welt nicht beeinflussen. Hier drängt sich sofort die Vision auf, die Rolle des Menschen als "Beobachter" zu erklären, eine Rolle, die selbst von Befürwortern der Quantenpsychologie oder sogar von Quantentheoretikern so betont wird. Nun, okay, Beobachter, Beobachtung, aber was bedeutet das eigentlich im physikalischen Prozess? Es ist eine Art Wechselwirkung mit dem Quantensystem, demjenigen, das untersucht wird. Aber die Wechselwirkung in der Physik wird durch eine bestimmte Ursache (kausal oder zielgerichtet) manifestiert. Und was ist die Ursache im Fall der Beobachtung? Diese

Ursache ist der freie Wille des "Beobachters". Laut esoPhysics ist es hier erwähnenswert, dass der freie Wille des Menschen und der Wille des Absoluten zwei neue Arten von elementaren Kräften oder Ursachen (kausal und zielgerichtet) sind, die von der Wissenschaft bisher nicht berücksichtigt wurden. Normalerweise wird hier der freie Wille des Menschen in der harten Materie durch gewöhnliche Arbeit realisiert. Das heißt, nach dem Freien Willen werden Gebäude, Maschinen usw. geschaffen, aber es zeigt sich, dass der Freie Wille des Menschen auch anders verwirklicht werden kann. Um dies vollständig zu erklären, muss ich jedoch zumindest teilweise auf die Theorie der esoPhysik zurückgreifen.

Nach der esoPhysik ist die Welt in zwei Ebenen unterteilt. Es gibt die Ebene, die sich vollständig dem Physikalismus unterwirft, die materielle Ebene, die als messbare Ebene bezeichnet wird, aber es gibt auch eine zweite Ebene der Welt, die sich von der ersten Ebene leicht unterscheidet, die Ebene, die sich nicht der Messung und Beobachtung unterwirft. In der esoPhysik ist diese zweite Ebene die unmessbare Ebene. Es ist die Ebene des Spirituellen, der Transzendenz. In meinen Büchern, insbesondere in "Kognitive Prothese", beweise ich, dass sich auf dieser zweiten Ebene der Wille des Absoluten verwirklicht. Das Absolute (Gott) hat auch uns Menschen, den vernunftbegabten Wesen im Allgemeinen, eine Eigenschaft gegeben, die es ihnen ermöglicht, die Manifestation ihres freien Willens auf dieser zweiten Ebene, auf dieser unmanifestierten Ebene, zu verwirklichen. Wie geschieht dies, nach welchen Prinzipien funktioniert es? Ich verweise Sie auf meine früheren Bücher, insbesondere auf das Buch "Kognitive Prothese". Und es ist dies - die Verwirklichung unseres freien Willens auf der unmessbaren Ebene -, dass die Fähigkeit uns in der Anwendung bei der Konstruktion der Methoden der Quantenpsychologie einschließlich der mentalen Quantenwerkzeuge dienen wird. Fügen wir noch hinzu, dass sich das Zentrum des Freien Willens eines Menschen nicht in seinem Gehirn oder Körper befindet. Dies ist durch zahlreiche neurologische und physiologische Studien empirisch bewiesen. Normalerweise folgt aus diesen Studien, dass wir entweder keinen Freien Willen haben und Automaten sind, oder.... Nun, entweder ist das Zentrum des Freien Willens ein Attribut unserer Seelen, d.h. Emanationen auf der messbaren Ebene des Geistes, der zur nicht messbaren Ebene gehört. Da der Freie Wille eine Elementarkraft der Natur ist, ist er also ein primäres Konzept zu unserem Körper und unserer Körperlichkeit, er kann also nicht von unserer menschlichen Körperlichkeit (Animalität) abhängen. Es lohnt sich aber auch zu erkennen, was leider vom offiziellen Mainstream der Wissenschaft, der Physik, nicht kommuniziert wird, dass der gesamte Formalismus der Quantenphysik eine Beschreibung der Physik, oder besser gesagt, der Eso-Physik, von der Ebene des Unmanifesten aus ist. Es ist daher nicht verwunderlich, dass das Nichtverstehen dieser Grundlage, dieser Basis der physikalischen Analyse des Quantensystems, zu so vielen Fehlern, Paradoxien und logischen und beschreibenden Ungereimtheiten führt. Um dieses Problem ein wenig zu verdeutlichen, werde ich mich in diesem Buch, ohne ins Detail zu gehen, auf die Tatsache beschränken, dass die mathematischen Formalismen des Quantenthemas (Schrödingers Bild, Heisenbergs Bild) im Geiste der komplexen Zahlen und Funktionen geschrieben sind. Und wie Sie wissen, sind komplexe Zahlen und Funktionen nicht messbar. Sagt Ihnen das nicht schon etwas? Nun, das tut es. Was es Ihnen sagt, ist, dass diese Formalismen Beschreibungen der Physik (esoPhysics) aus der unmessbaren Ebene sind, und fast alle Konzepte, die mit diesen Formalismen verbunden sind, gehören zu dieser unmessbaren Ebene. Das Problem ist, dass der offizielle Mainstream der Wissenschaft, die Physik, dies völlig ignoriert. Mehr noch, er ignoriert und vermischt Entitäten aus der nicht messbaren Ebene, wie z.B. die Zustandsfunktion eines Quantensystems, die Überlagerung von Zuständen, die Quantenverschränkung, mit Konzepten aus der messbaren Ebene, wie z.B.: Eigenwertmessung. Und von hier kommen zum Beispiel das Messproblem oder Schrödingers Katzenparadoxon und viele andere Fehler. Da wir dies aber wissen, werden wir versuchen, es in der Quantenpsychologie genau zu nutzen, indem wir Quanten-Mental-Tools konstruieren. Ich selbst bin Amateurphysiker und betrachte die Probleme des modernen Menschen durch die Brille der Physik, in diesem Fall der esoPhysik. Ich mache keinen Hehl daraus, dass meine eigenen Probleme, vor allem gesundheitliche Probleme, meine "Entdeckungen" auf dem Gebiet der Quantenphysik bestimmt haben. Folglich müssen sie mich auch auf das Gebiet der modernen Psychologie geführt haben, und zwar der Quantenpsychologie. Denn schließlich formen unsere Probleme, d.h. unser Leben, unseren Charakter, unsere Seele. Bevor ich also mit der Entwicklung von Werkzeugen fortfahre, die der Quantenpsychologie helfen sollen, unser Leben, unser geistiges und körperliches Wohlbefinden zu verbessern, sollten wir einen Schritt zurücktreten und die grundlegenden Fakten über den Menschen und die menschliche Psyche im Allgemeinen definieren.

Es ist bekannt, dass wir nach der Befruchtung einer Eizelle mit dem Spermium in einem physischen Körper geboren werden, d.h. es entsteht eine Zygote. Zu einem rationalen Menschen werden wir jedoch erst in dem Moment, in dem unsere Seele, die Emanation unseres Geistes auf der messbaren Ebene aus der nicht messbaren Ebene, in den Körper "einfließt", den Körper "umarmt". Es scheint, dass das Gehirn in gewisser Weise der "Empfänger" der Seele ist. Wie geschieht das, wo geschieht das? Das ist nicht genau bekannt. Im Moment ist die Wissenschaft noch nicht sehr daran interessiert, dies zu erklären. Und warum? Weil die moderne Wissenschaft extrem materialistisch (siehe: Messbare Ebene) und atheistisch (siehe: Einebene) ist, und es kümmert sie nicht, ja sie stört sich sogar daran, den spirituellen Charakter der Welt zu betonen. Esoteriker und Okkultisten hatten und haben seit Jahrhunderten den Verdacht, dass die Zirbeldrüse bei diesem Prozess eine große Rolle spielt. Aber das sind nur Vermutungen und es ist gar nicht so wichtig, ob sie stimmen. Was kann man heute mit Sicherheit sagen? Nämlich, dass das menschliche Bewusstsein eine Überlagerung der menschlichen Seele und ihrer tierischen, physischen Eigenschaften der Gehirnstrukturen ist, der neuronalen Strukturen, aus denen das physische Gehirn besteht. Ich werde gleich versuchen, dies zu beweisen. Es ist bekannt, dass jede reale Entität, d.h. eine, die sich auf der messbaren Ebene manifestiert. Das heißt, ein Berg, ein Stein, ein Haus, ein Krankenhaus, ein Bahnhof, ein Stock, mit einem Wort, jedes materielle unbelebte, aber auch belebte Objekt, hat neben seinen typisch messbaren Eigenschaften, wie: Gewicht (Masse), Ladung, auch Preise, die typischerweise aus der nicht messbaren Ebene stammen und nur dort vorkommen, wie: Spin (das ist ein Elementarteilchen), Energie aus der nicht messbaren Ebene, das heißt, Energie, die nicht mit Messgeräten gemessen werden kann. Und ein Stein und ein Stock und ein Berg usw. haben eine bestimmte Energie, ausgedrückt in Bovis-Einheiten, die Radiästheten bestimmen können. Oder sie messen? Das wäre ja, angesichts dessen, was ich schreibe, ein Paradoxon? Und hier kommen wir zum Clou des Beweises. Denn der Mensch selbst ist teilweise Teil dieser ungemessenen Ebene, wenn auch nur durch seine Seele. Er braucht also keinen externen Messapparat, um diese Energie auf der messbaren Ebene zu erfassen. Ein einfaches Pendel genügt ihm, um die subtilen Schwingungen seiner Muskeln als Reaktion auf diese Energie, nennen wir sie innere Wesenheitsenergie, oder Prana, oder Chi, oder Ki, oder Mana, zu registrieren. Es gibt eine Vielzahl von Bezeichnungen für diese Art von Energie, und es hängt hauptsächlich von der Region der Welt ab, in der diese Bezeichnung verwendet wird. Hier ist anzumerken, dass Asien Europa in dieser Hinsicht schon seit Jahrhunderten, Jahrtausenden überholt hat, und dort, in Asien, wird sie nicht mehr diskutiert, sondern als etwas Objektives betrachtet. Und selbst die moderne Neurologie oder Kognitionswissenschaft betont bereits lautstark, dass das Phänomen des Bewusstseins nicht im Bereich des Materialismus und Atheismus, im Bereich der rein physikalischen Arbeit der neuronalen Strukturen des Gehirns erklärt werden kann. Es muss hier mehr geben als bloße Materie. Es gibt einen qualitativen Sprung von der Ebene der Meta-Beschreibung der neuronalen Abläufe des Gehirns zur Ebene des Fühlens unseres Bewusstseins, von mir, von Ihnen, lieber Leser. Das ist es, was keine materialistische und atheistische Wissenschaft oder Ideologie überspringen kann. Es zeigt sich, dass Descartes' Einteilung in das Geistige und das Materielle (das Tierische) in Bezug auf die Existenz des Menschen nun im Licht der esoPhysik bestätigt wird. Und in der Tat, im

Licht der EsoPhysik und aus historischen und traditionellen Berichten, wenn auch nur aus dem gesamten Erbe der Esoterik, die ich nicht ignorieren möchte, zeigt sich, dass Eltern im Akt des Sexes und der Liebe kein Kind im Sinne eines menschlichen Wesens schaffen, sondern einen Körper für dieses menschliche Wesen. Jede Seele (eigentlich Geist) dieser nichtmateriellen Ebene inkarniert zyklisch und folgt bei jedem Inkarnationsakt einem bestimmten, für sie festgelegten Weg der spirituellen Entwicklung. Zu welchem Zweck? Es gibt mehrere Meinungen, aber eine der sichersten ist, dass der Mensch auf der messbaren Ebene unter diesen grausamen Existenzbedingungen einen Zyklus von Lebenslektionen (und Prüfungen!) zu überwinden hat, um schließlich eine solche "Vollkommenheit" zu erreichen, dass er sich von diesem Samsara (Inkarnationszyklus) befreien und die Ebene des Nirwana, d.h. das ewige, unter den Bedingungen der nicht messbaren Ebene, Glück erreichen kann.

Natürlich weiß niemand wirklich, was Gott vorhat und wie oder was das bedeuten würde. Der Grund dafür ist, dass niemand von der Unmanifestierten Ebene zurückgekehrt ist und den Menschen irgendein Zeugnis gegeben hat. Aber das ist es, was die Logik vorschreiben würde. Die Logik und die Moralgesetze, die jedoch trotz - ich höre es schon - der Proteste einiger Menschen, die vom Leben der Fauna und Flora entnervt sind und glauben, dass von diesem Standpunkt aus nur der grausame Kampf ums Dasein wichtig ist, wie bei den Tieren, die jedoch diese Moralgesetze für jeden vernünftigen Menschen ganz klar sind. In der Tat sind die Gesetze der Tierwelt grausam, aber die Tiere befinden sich auf einer niedrigeren Stufe der moralischen Entwicklung. Sie ermorden sich gegenseitig und fügen sich selbst Leid zu, um zu leben, nach dem Prinzip: der Größere frisst den Kleineren. Doch lassen wir die grausame Erdfauna. Denn der Mensch steht auf einer höheren moralischen Ebene, und der Mensch wird im wörtlichen Sinne (an seiner

Gesundheit) und im übertragenen Sinne (an der Not des Lebens) durch Verstöße gegen die moralischen Gesetze geschädigt, die er begeht, oder einfach durch Sünden. Dies spiegelt sich perfekt im verallgemeinerten Karmagesetz wider, das zum Beispiel in der Theorie von Dr. Eng. Jan Pajak. Es besagt, dass ein Mensch für jede Sünde bereits zu Lebzeiten verantwortlich ist. Es war Dr. Pajak, der darauf hinwies, dass wir mit unseren Krankheiten und unserer Lebensqualität bereits in diesem Leben für unsere Sünden bezahlen. Ich habe dieser Pajak-Theorie das Konzept der ethischen Implikation hinzugefügt, das erklärt, worin die Sünde besteht und wie sie unser moralisches Energieniveau senkt, das der entscheidende Faktor dafür ist, was für ein Leben wir führen. Ich möchte Sie ermutigen, meine Publikation "esoPhysics" zu lesen, in der dies ausführlicher behandelt wird. EsoPhysics ist kein Buch, sondern ein Versuch, die Physik der Welt zu beschreiben, die diesem Zyklus, Samsara genannt, eines jeden Menschen Glauben schenkt. Schließlich ist der Geist eines Menschen aus der Unmanifestierten Ebene, wie man sich vorstellen kann, eine Form von Energie, und Energie ist ewig. Wenn also ein Mensch in einem Leben versagt, wird er oder sie wahrscheinlich eine Chance haben, das zu "reparieren", "was er oder sie zerbrochen hat". Natürlich ist dies nur eine Vermutung, denn die jüdisch-christlichen Religionen beispielsweise meiden das Konzept des Samsara und glauben, dass das Jüngste Gericht und die göttliche Strafe auf diejenigen warten, die in ihrem Leben versagt haben". Den Botschaften und der Eso-Physik zufolge wählen wir als Geist den Körper, die Eltern und die Bedingungen, zumindest die anfänglichen, für unser Leben auf der Erde selbst. Interessanterweise betonen einige Leute, dass wir uns einen Planeten und eine Ethnie intelligenter Wesen aussuchen, auf denen wir inkarnieren werden (so behauptet zum Beispiel Robert Bernatowicz). Und das ist sehr wahrscheinlich, denn sicherlich hat sich das Leben und die Evolution nicht nur auf der Erde entwickelt. Das Gebiet des Kosmos ist so groß, dass die Ethnien der Kinder Gottes, wie z.B. die Menschen, sehr zahlreich sind. Und ziemlich sicher läuft die Evolution auf allen Planeten ähnlich ab, denn das sind die Gesetze der Physik. The differences between the Children of God, or races of intelligent beings, are due to the technical progress achieved by these races and the progress of the Moral level they have already achieved. Wenn wir also den Fortschritt in der moralischen Entwicklung berücksichtigen, der auch mit dem Fortschritt der Arten und Ethnien intelligenter Wesen einhergehen muss, dann kann unter diesem Gesichtspunkt die so genannte Star-Wars-Idee, die in der Star-Wars-Filmreihe dargestellt wird, abgelehnt werden. Weder existiert das Imperium des Bösen, noch wird es entstehen, denn mit dem moralischen Fortschritt geht eine zunehmende Verantwortung und Bestrafung für Handlungen einher, die gegen die moralischen Gesetze begangen werden. Auch beim Menschen gibt es diesen Fortschritt, aber wir stehen, was die moralische Ebene betrifft, vorerst nur über den Tieren. Dies ist meine persönliche Überlegung, aber ich habe den Eindruck, dass unsere Älteren Brüder, die anderen intelligenten Ethnien, sich uns aufgrund unserer relativ schwachen moralischen Ebene nicht offenbaren. Und denken Sie daran, wir haben auch ein schwaches und mittelmäßiges Niveau der Zivilisation, unsere Wissenschaft hat eine grobe fünfhundert Jahre der Entwicklung, natürlich, moderne Wissenschaft. Auf der Skala von Millionen von Jahren der Evolution, ist dies nicht einmal eine Sekunde. Unsere derzeitige Sorge sollte also nicht die Angst vor Außerirdischen sein, sondern die Angst davor, dass die künstliche Intelligenz (KI) unserer Kontrolle entgleitet, was katastrophale Folgen haben könnte. Technologischer Fortschritt muss mit moralischem Fortschritt einhergehen, wie unsere Evolution, unsere Spezies, beweist. Es ist nur so, dass dies für die meisten Menschen, zugegebenermaßen die primitiven, noch nicht so offensichtlich ist, wie es sein sollte. Moralisch kranke, primitive Menschen, vielleicht geblendet von ihrer Stärke, Gesundheit und Vitalität und ihrem Animalismus, sind sich dessen jedoch nicht ausreichend bewusst.

Was die Quantenpsychologie betrifft, so müssen wir die Struktur unseres Gehirns in dem Kontext betrachten und analysieren, dass unser Bewusstsein durch die Überlagerung unserer Transzendenz oder Seele mit unserer Animalität definiert ist, die für die Struktur des Gehirns und unsere Evolution in diesem darwinistischen Sinne charakteristisch ist. Ja, unsere Seelen, unsere Transzendenzen "beinhalten" unsere Körper, aber die Körper sind ein Produkt der Evolution. Und das Gehirn, seine Struktur und seine Funktionen sind eine Folge der natürlichen Selektion.

Sicherlich haben wir von unseren Vorfahren den Körper, seine Struktur, seine Parameter geerbt. Schönheit, Muskulatur, Knochenbau, zu einem großen Teil unsere Körpergröße. Aber vor allem erben wir das Gehirn. Ein Gehirn, das das Ergebnis der Evolution von den Reptilien über die Säugetiere bis hin zum Menschen ist, und das diesen evolutionären Weg in seiner Struktur berücksichtigt. Ja, natürlich sind unsere Körper, zum Teil auch unsere geistigen Eigenschaften, das Ergebnis der darwinistischen Selektion. Aber das Interessante ist: Sind unsere Krankheiten auch das Ergebnis unserer Abstammung? Es stellt sich heraus, dass nur etwa 1 % der Krankheiten genetischer Natur sind. Die meisten Krankheiten werden durch die Belastungen, die wir erfahren, durch unsere eigenen Gewohnheiten, durch unsere Ernährung und durch die Vernachlässigung des körperlichen Zustands verursacht. Es stimmt, dass in diesen ungünstigen Umständen unserer Vernachlässigung meist Krankheiten erwachen und sich entwickeln, zu denen wir sozusagen von unseren Vorfahren eine gewisse Neigung haben. Aber gerade die typischen Erbkrankheiten sind relativ selten, denn die Natur selbst hat dafür gesorgt, dass für uns die attraktivsten Sexualpartner, also diejenigen, mit denen wir unsere Nachkommen zeugen werden, solche Individuen zu sein scheinen, die sich genetisch extrem von unserem eigenen Genpool unterscheiden. All dies geschieht, um genetische Fehler in unseren Chromosomen nicht zu duplizieren. Das mag auf den ersten Blick schockierend erscheinen, aber das sind die Tatsachen. Es ändert jedoch nichts an der Tatsache, dass unsere Eltern nur die "Schöpfer" unseres Körpers und bestimmter Charaktereigenschaften (und sogar bedeutender Eigenschaften) sind. Unsere Seelen haben jedoch einen Stammbaum der Transzendenz und sind nach den Erkenntnissen der esoPhysik das Werk Gottes. Ohne die Seele stirbt der physische Körper. Die Seele ist ein solcher Homunkulus in unserem Gehirn. Im Falle des Menschen gibt es eine Überlagerung im Gehirn, oder besser gesagt, sein Bewusstsein ist eine Überlagerung, oder anders ausgedrückt, eine Überschneidung der Qualitäten und Eigenschaften des Gehirns, die aus der natürlichen Auslese und der Evolution resultieren, mit der Seele des Menschen, die ein

Ausdruck der Manifestation des Geistes dieses Menschen auf der messbaren Ebene aus der nicht messbaren Ebene ist. Diese Merkmale der Selektion sind alles, was untersucht wird, die Neurowissenschaft des Gehirns, die kognitive Wissenschaft, die Verhaltenspsychologie. In unseren Gehirnen findet ständig eine dynamische Formung der neuronalen Strukturen durch die Wendungen unseres eigenen Lebens statt, durch unsere Belastungen, die guten (Eustress) und die schlechten (Distress), unsere Emotionen und Gefühle. Um einen bekannten Slogan aus der Allgemeinen Relativitätstheorie zu paraphrasieren: Unsere neuronalen Strukturen verursachen bestimmte Verhaltensreaktionen, die wiederum unsere neuronalen Strukturen formen, und so schließt sich der Kreis. Aber ist das so vollständig? Nun, nein. Nun, in all dem steckt ein tieferer Sinn. Dieser Prozess, diese Formung unseres Gehirns, unserer Verhaltensweisen und unseres Charakters stellt den Weg der spirituellen Entwicklung dar, der der eigentliche Zweck unseres Daseins hier auf der Erde, hier auf dieser messbaren Ebene ist. In der Tat geht es auf diesem Weg der spirituellen Entwicklung darum, unsere Seelen und unseren freien Willen zu formen, der ein Attribut der Seele ist. Und für diesen ganzen Prozess werden wir nach dem Tod des physischen Körpers zur Rechenschaft gezogen werden. Wir haben Angst vor dem Tod, jeder hat Angst vor dem Tod. Der Moment, in dem wir unsere körperlichen Hüllen, unsere Körper, verlassen, und was wird dann geschehen? Wie ich in meinen früheren Büchern geschrieben habe, vor allem in "Kognitive Prothese", wo ich die physischen Beweise für die Existenz des transzendenten und des immanenten Gottes und das ganze Konzept der zwei Ebenen der Wirklichkeit dargelegt habe, scheint es, dass es keinen Grund gibt, sich vor diesem Moment des Übergangs zu fürchten. Nun, aber wohin? Auf die immanente Ebene. Und obwohl ich von der Gültigkeit der esoPhysik überzeugt bin, habe auch ich Angst vor dem Tod und dem, was "danach" passiert.

Deshalb, und das ist der Hauptgrund, habe ich mentale Quantenwerkzeuge entdeckt und entwickelt, und deshalb versuche ich mein Bestes, um dieses sterbliche Leben einfacher zu machen, indem ich mentale Quantenwerkzeuge hier auf der messbaren Ebene benutze. Der freie Wille, der ein Attribut der Seele ist, ist gleichzeitig eine Elementarkraft, die vom offiziellen Mainstream der Wissenschaft bisher nicht als solche diskutiert und betrachtet wurde. Die elementare Kraft der Natur, die kausale Ursache. Auf welcher Grundlage stelle ich eine solche Behauptung auf, was ermächtigt mich, dies zu tun? Zu diesem Schluss kam ich nach einer eingehenden logischen und physikalischen Analyse der Funktionsweise der Zwei-Punkte-Methode. Diese wurde gerade von Dr. Bartlett entdeckt. Damit all dies einen Sinn ergibt, damit die mathematischen Formalismen der Quanten- und formalen Logik damit übereinstimmen und damit sie mit dem pythagoräischen Prinzip interagieren kann, muss es so sein, weil es nicht anders sein kann. Darüber hinaus habe ich mein eigenes, proprietäres Mental-Quantum-Tool formuliert, das ich den Stein der Weisen-Algorithmus nenne, und aufgrund der Tatsache, dass seine Funktionsweise ein empirischer Beweis dafür ist, kann ich behaupten, dass der Freie Wille eine elementare kausale Kraft ist, eine kausale Ursache, die unter bestimmten Bedingungen sogar auf und durch die ungemessene Ebene wirken kann. Und dieser Freie Wille steht uns zur Verfügung, nämlich unseren Seelen. Da der freie Wille der Seele, d.h. der Manifestation des Geistes auf der messbaren Ebene, zur Verfügung steht, ist es nicht verwunderlich, dass das Willenszentrum im Gehirn mit einer gewissen Verzögerung arbeitet, als es eigentlich sollte. Die oberflächliche Schlussfolgerung aus dieser Tatsache war bisher, so interpretiert es die Wissenschaft, dass es keinen freien Willen gibt. Und interessanterweise ist dies die offizielle, wenn auch zugegebenermaßen etwas unbeholfene und weithin verschwiegene Position der Neurowissenschaften. Der

Vollständigkeit halber können wir hinzufügen, dass die offizielle Position der Atheisten zur Interpretation der Quantenmechanik die Everett-Interpretation ist. Es ist bezeichnend, dass Atheisten die Mainstream-Wissenschaft dominieren. Sie ziehen es vor, sich der Unwahrheit und des Unsinns zu bedienen, anstatt die spirituelle Natur der Welt anzuerkennen.

Das menschliche Gehirn ist eine Schöpfung von vielen Millionen Jahren der Evolution, vom Affen bis zum Menschen. Alle Fähigkeiten des Menschen, die für das Leben auf der messbaren Ebene notwendig sind, sind das Ergebnis der Evolution. Alle fünf (beschränken wir uns der Einfachheit halber auf diese 5 klassischen Sinne) Sinne sind das Produkt der Evolution und der natürlichen Auslese. Auch das Gedächtnis, die Psyche, die Gefühle, der allgemeine Charakter des Menschen. Sogar seine Intelligenz. Aber der grundlegende Kern des Bewusstseins ist die Seele. Sie gehört zur Transzendenz, sie überlebt den Tod des Körpers.

Glaubenssysteme, die auf Reinkarnation und der Wanderung der Seelen durch Inkarnationen beruhen, betonen genau das. Der Beweis dafür ist natürlich nicht erbracht, denn es gibt keine Rückkehr von dort. Es gibt nur eine Einbahnstraße über diese Barriere zwischen messbarer und nicht messbarer Ebene. Sobald wir diesen Körper verlieren, gibt es keine Rückkehr in dieses Leben, in diesen Körper. Und niemand von dort ist in denselben Körper zurückgekehrt. Aber wir, die wir die mathematischen Formalismen der Quantenphysik und die richtige Form der Kausalität kennen, können dennoch etwas feststellen. In Bezug auf die Eso-Physik kann ich also sagen, dass sie sozusagen die Reinkarnation und diese Tradition des Wanderns der Seelen (Samsara) und diese mühsame Verfeinerung von Leben zu Leben auf dem Pfad der spirituellen Entwicklung bestätigt. Denn da die Existenz Gottes bewiesen ist und diese Unterteilung in zwei Realitätsebenen real ist, muss es so sein, damit alles einen Sinn ergibt. Atheisten unterscheiden sich von Theisten darin, dass sie glauben, dass es keinen Gott gibt und die Welt keinen Sinn macht. Wir beweisen, dass es einen Gott gibt und die Welt somit einen Sinn hat, und auch das menschliche Leben hat einen tiefen Sinn. Wie wir bereits festgestellt haben, ist das Gehirn, diese Körperlichkeit und Materialität des Gehirns, ein Produkt der Evolution. Wie ich auch schon geschrieben habe, sind die neuronalen Strukturen des Gehirns dynamisch und verändern sich mit jedem Gefühl, jeder Emotion, jedem Gedanken. Das formt unsere Psyche, und es beeinflusst und verändert unsere Seele, die Transzendenz in uns, um letztlich zu bestimmen, wie wir diesen ganzen Lebensweg gegangen sind. Auch unser freier Wille erfährt diese Transformation. Im Laufe des Lebens formt der Mensch seinen freien Willen. Und im Leben mangelt es nicht an schädlichen Gewohnheiten, an Abhängigkeiten, an ungünstigen Gewohnheiten, also an Elementen, die unseren freien Willen herabsetzen. Und wie wir damit umgehen, so wird unser "geschnitzter" Wille sein, so wird unsere geschnitzte Seele sein. Schön oder abscheulich? Werden wir uns aus Samsara befreien, das Nirwana erreichen oder mühsam weiter an dieser Lebensstaffel teilnehmen? Das Seltsame ist, dass das Gedächtnis wahrscheinlich kein Attribut der Seele ist, denn bei der Reinkarnation von Körper zu Körper nimmt die Seele die Erinnerung an vergangene Inkarnationen nicht mit. Dieses reale Gedächtnis, denn sie nimmt nur dieses karmische Gedächtnis mit, so dass wir mit unserem Schicksal für die Sünden vergangener Inkarnationen bezahlen, aber wir sind uns dessen nicht bewusst. Dies ist also der Hauptgrund dafür, dass sich die Menschen im Allgemeinen nicht an ihre vergangenen Inkarnationen erinnern. Nur die hypnotische Regression kann dieses Geheimnis lüften, aber das ist schon, das ist meine Meinung, aus der Akasha-Chronik. Während der hypnotischen Regression können wir einen Blick in die Akasha-Chronik werfen und von dort

Informationen erhalten. Die Akasha-Chronik ist auch bekannt als die göttliche Energiematrix, auf der alle Ereignisse, die geschehen sind, und alle, die noch geschehen können, niedergeschrieben sind. Entgegen dem Anschein bestätigt die Akasha-Chronik, dass die Zukunft nicht aus dem Blickwinkel der messbaren Ebene bestimmt wird. Denn was geschehen kann, ist nicht gleichbedeutend mit dem, was definitiv geschehen wird. Die Zukunft ist nicht determiniert, aber sie ist auch nicht zufällig. Das ist ein kleines Paradoxon, aber es rührt von der Tatsache her, dass es Gott ist, sein Wille, der von der nicht messbaren Ebene aus bestimmt, was in der Zukunft definitiv geschehen wird. Es ist jedoch nicht vorherbestimmt. Es geschieht sozusagen fortlaufend. Das liegt daran, dass Gott immanent ist. Ich weiß, Atheisten ziehen es vor, den "Glauben" anzunehmen, dass es bei jedem Prozess eine Vervielfältigung der Welten gibt, aber "Gott bewahre!" es gibt keinen Gott. Wirklich, lieber Leser, erscheint Ihnen das plausibel? Sie ziehen es vor, dies anzunehmen, anstatt zu glauben, dass die Welt ein bewusster Entwurf ist und dass Gott, sein Wille, ein unverzichtbarer Teil der physikalischen Prozesse ist. Atheisten ziehen es vor, so zu denken, mit der Absicht, dass die Menschen autonom und von niemandem abhängig sind, andererseits gibt es eine Frage, auf die es keine zufriedenstellende Antwort gibt: Wer hat Gott erschaffen? Die Wissenschaft selbst ist jedoch zu dem Schluss gekommen, dass es auf bestimmte Fragen keine Antwort gibt. Um kein Lippenbekenntnis zu sein, möchte ich eine solche Frage stellen, auf die es keine Antwort gibt: Können Sie die vollständige Ausdehnung der Zahl Π (der nicht messbaren Zahl Pi) angeben? Nun, darauf gibt es keine Antwort. Und wenn die Menschen autonom und unabhängig sind, dann sind sie auch, nach dieser Logik, zu allem fähig. Und zu erhabenen Taten und zur letzten Gemeinheit.

Bevor ich direkt zur Quantenpsychologie aus der Sicht der esoPhysik komme, wollen wir uns noch einen Moment mit der Belastbarkeit unserer Psyche beschäftigen. Eines ist sicher: Da das Bewusstsein eine Überlagerung (Überlappung) der Seele mit unseren erlernten und entwickelten (tierischen?) Fähigkeiten der neuronalen Struktur (Gehirnhälften) ist, folgt daraus, dass es für eine andere Person möglich ist, all diese erlernten und entwickelten Fähigkeiten zumindest zu zerstören. All diese "Fehler" des Gehirns werden seit vielen Jahren in der Neurologie, der Hirnphysiologie, der Kognitionswissenschaft oder einfach in der Psychiatrie untersucht. Mit anderen Worten, es ist möglich, das physische Hirngewebe eines Menschen zu zerstören und zu schädigen. Schließlich handelt es sich um den Körper, und der Körper ist nur ein Ding, ein materielles Objekt, das heißt, er ist vergänglich. Die Erkenntnisse der Wissenschaft in dieser Hinsicht sind beeindruckend. Alle Zentren, die zu unseren Sinnen und Fähigkeiten gehören, sind bekannt und gut lokalisiert. Das Zentralnervensystem ist sehr gut verstanden. Sowohl das Gehirn selbst als auch alle

Nervensysteme. Ihre Rolle, ihre Bedeutung, ihre Krankheiten und Funktionsstörungen. Die Verbindung des Gehirns und der Nerven mit dem gesamten Körper, mit den inneren Organen, ist gut erlernt. Dies wird ein wenig überschattet durch das völlige Fehlen der Position der Wissenschaft in Bezug auf die Verteilung der Körperenergien aus der nicht messbaren Ebene (Prana, Mana, Ki, Chi) in den Meridianen und Nadis unserer physischen "Körper".

— PRANA ··· ··· MANA ··· ··· CHI ···

Die Wissenschaft entledigt sich dieses Themas ostentativ mit der Begründung, es stehe im Widerspruch zur atheistischen und einstufigen Interpretation der Quantenmechanik, die heute in der Wissenschaft vorherrscht (die Kopenhagener oder Everett-Interpretation). Es ist auch bekannt, dass das Gehirn von Natur aus kumulativ ist. Das heißt, es akkumuliert alles, und zwar konsequent, aber genau kommutativ.

Das bedeutet auch, dass es einen gewissen Lithiumwert für die Akkumulation der Fähigkeiten des Gehirns gibt, gefolgt von einem schmerzhaften Overkill. Das gilt für erlebten Stress, Emotionen, Gefühle und sogar für reines Wissen. Es gibt eine weit verbreitete Meinung, dass das Gehirn eine "unendliche" Kapazität hat. Das ist jedoch nicht wahr. Nicht nur zu viel Stress, Emotionen oder Gefühle können tödlich sein, und zwar im wahrsten Sinne des Wortes oder zu echtem geistigen Verfall führen. Ein Mensch kann auch durch eine Überlastung in dieser Hinsicht zerstört werden, d. h. durch zu viel Anhäufung, die im Laufe der Zeit, im Leben also Tag für Tag, erfolgt. Psychologen sprechen dann von Distress, der, wenn er chronisch wird, einen Menschen, seine Psyche ruinieren kann. Bis vor kurzem gab es dafür kein "Heilmittel", keine Abhilfe. Wenn ein Mensch eine bestimmte Grenze der Not überschreitet, ist er praktisch erledigt. Aber jetzt, in diesen Tagen des Homo Sapiens Quantum, gibt es bereits einige Methoden der Quantenpsychologie, die man als mentale Quantenwerkzeuge bezeichnen kann, die helfen können. Ich für meinen Teil behaupte nicht, dass es sich dabei um eine absolute Heilung handelt, aber man kann zumindest versuchen, sich selbst zu helfen, selbst in diesen ehemals hoffnungslosen Fällen. Ich selbst bin der Schöpfer eines solchen Quantenwerkzeugs, das ich, zugegebenermaßen etwas köstlich, den Stein der Weisen-Algorithmus genannt habe. Und wie verhält es sich mit der Seele, dieser Transzendenz in uns, in den Menschen? Kann sie auch zerstört werden? Ich antworte, so wie unser Körper mit unserem ganzen Leben zu tun hat. Wenn jemand stur ist, dann kann er töten, verletzen und sogar die Psyche von jemandem zerstören, denn der freie Wille, sein freier Wille, ist eine Urkraft. Und auf diese Weise kann man einen Menschen, seine Psyche zerstören. Aber auch seine Transzendenz? Das weiß ich nicht, ich würde wetten, dass alles zerstört werden kann, aber die Seele, die Transzendenz wahrscheinlich nicht. Sie kann verändert werden, darum geht es ja auch auf unserem Weg der spirituellen Entwicklung. Ich persönlich bezweifle dieses ultimative, so ein christliches, Jüngstes Gericht, und dass angeblich nach dem Gericht, wenn jemand "durchfällt", er vernichtet wird, das heißt, seine Seele (genauer gesagt, sein Geist aus der immateriellen Ebene) vernichtet wird, so behauptet Papst Franziskus. Ich entscheide mich eher für Samsara. Man kann die Seele nur veredeln oder entwürdigen, aber nicht "physisch" vernichten.

Nach der traditionellen Einteilung wird die menschliche Psyche in das Unterbewusstsein und das Bewusstsein unterteilt. In der Vergangenheit wurde noch die Unterteilung in das Überbewusstsein betont. Eine solche Einteilung ist der Geist des Huna. Heute ist man jedoch einhellig der Meinung, dass dieses Überbewusstsein ein Teil des Unterbewusstseins ist, d.h. Prozesse, die nicht bewusst ablaufen. In der Arbeit des Unterbewusstseins wird die wahre Rechenleistung des Gehirns sichtbar. Die Prozesse der Arbeit des Unterbewusstseins steuern die verborgene Arbeit der inneren Organe und die geistigen Prozesse, die parallel und nicht linear ablaufen. Unter diesen Bedingungen kann die Arbeit des Unterbewusstseins nur mit der Arbeit eines Quantenprozessors verglichen werden.

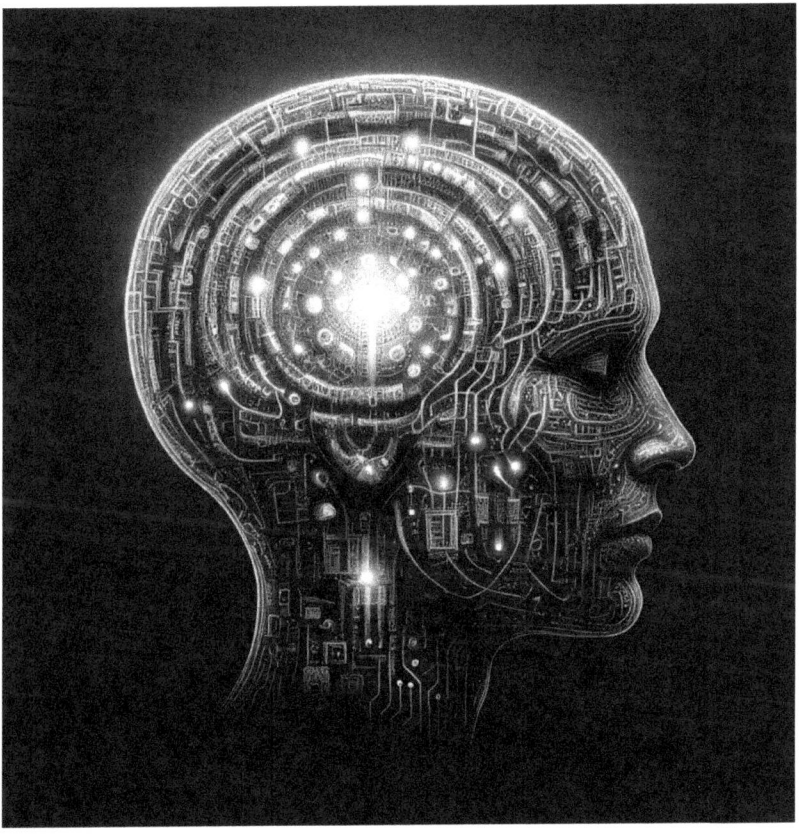

Ein Quantenprozessor hingegen ist eine Anordnung von quantenverschränkten Cubits, in diesem Fall Bio-Cubits. Wie wird dies im

Gehirn realisiert? Das ist etwas, das die Wissenschaft noch nicht untersucht und definiert hat. Das Hindernis besteht darin, die Quantenphysik in Form von einstufigen Kategorien zu behandeln, wie es die Kopenhagener Deutung tut, die bis heute gilt. Ich kann es im Sinne der theistischen Interpretation beschreiben. Und nach meiner Auffassung gibt es eine Quantenverschränkung von Teilen der Biowürfel im Gehirn, die nach dieser Verschränkung "durchlaufen" und auf der Ungemessenen Ebene arbeiten, dort in der Art eines gewöhnlichen, technischen Quantenprozessors. Ein funktionierender n-Qubit-Quantenprozessor (n Qubits) hingegen arbeitet gleichzeitig an 2^n Rechenprozessen. Wenn wir 50 Qubits haben und sie alle quantenverschränkt sind, beträgt die so verstandene Rechenleistung 2^{50} Rechenprozesse auf einmal. Sofort drängt sich hier ein solcher Vergleich auf, dass, wie Leibniz in seinen Überlegungen betont, Gott die Fähigkeit hat, alle physikalischen Prozesse, die in der Welt ablaufen, auf einmal zu beeinflussen. Er tut es gewissermaßen auf einmal. Und hier drängt sich die Überlegung auf, dass, wie das Beispiel des Quantenprozessors beweist, ein ähnliches Multitasking auch auf der nicht-manifesten Ebene möglich ist, und Gott vor allem auf der nicht-manifesten Ebene wirkt. Betrachten wir in diesem Sinne, welche Art von Multitasking Gott, das Absolute, hat. Lassen Sie uns rechnen. Wenn die Teilchen in der beobachtbaren Welt etwa $N=2^{80}$ sind, dies ist nur eine Annäherung und eine Größenordnung, aber es ist erwähnenswert, dass unter diesen Bedingungen 2^{79} Teilchen die Hälfte der Welt wären!, dann muss die Anzahl der gleichzeitigen physikalischen Prozesse proportional zu allen mathematischen Beziehungen dieser Teilchenmenge sein, das heißt, aus der Kombinatorik folgt, dass das Multitasking Gottes in der Größenordnung von 2^N liegen würde. Das ist eine riesige Zahl, aber nicht die größte Zahl, die der Mensch kennt. Der Texteditor deckt dies nicht ab, also werde ich es in Worten schreiben. Die Anzahl der Operationen, die Gott gleichzeitig ausführt, liegt in der Größenordnung von zwei hoch zwei hoch achtzig. Das scheint unglaublich zu sein, aber das Beispiel des Quantenprozessors zeigt, dass es nicht unmöglich ist. Dies gilt umso mehr, als auf der nicht messbaren Ebene ein solches Multitasking möglich und ziemlich normal ist. Das heißt, es kann geschlossen werden, dass unser Unterbewusstsein unter den Bedingungen des Multitasking mit enormer Kraft (natürlich nicht so enorm wie Gott) eines (was?) Bio-Quantenprozessors arbeitet. Diese Arbeit dieses Quanten-Bioprozessors, der wahrscheinlich das Unterbewusstsein des Menschen ist, ermöglicht es dem Gehirn, fast alle physikalischen Prozesse zu steuern, an denen es beteiligt ist und die es, jeden Menschen, betreffen. Dazu gehören die Arbeit fast aller Zellen des Körpers und alle Sinnesreize, die der Mensch empfängt. Und auch seine gesamte "verborgene" Psyche. Das Bewusstsein des Menschen hingegen arbeitet linear, ohne Multitasking, logisch und verlässt sich auf das, was ihm vom Unterbewusstsein vorgeschlagen wird. Ein bewusster Mensch kann sich effektiv auf praktisch nur eine Tätigkeit konzentrieren. Dies ist ein so charakteristischer Unterschied zwischen der Arbeit auf der Nicht-Messbaren Ebene (Qubits, Unterbewusstsein, Absolutes) und der Arbeit auf der Messbaren Ebene (Unser Bewusstsein, gewöhnliche Arbeit). Auf der nicht messbaren Ebene herrscht eine Lokalität, alles ist miteinander verbunden, zusammengesetzt, dort ist die Physik, wie der mathematische Formalismus der Quanten zeigt, wellenförmig, von zusammengesetzten Wellenfunktionen beherrscht, daher handeln wir dort direkt (Quantenverschränkung), wir handeln auf alles gleichzeitig, gemäß dem Multitasking. Auf der messbaren Ebene hingegen ist die Physik lokal. Das Bewusstsein agiert hauptsächlich auf der messbaren Ebene; es ist also lokal und hat kein Multitasking. Die mathematischen Formalismen der Physik auf der messbaren Ebene sind "minderwertig", weil es die nicht messbare

Ebene ist, die die Quellebene für Quellursachen ist. Daher ist die klassische Mechanik der Quantenmechanik "unterlegen". Das liegt daran, dass die Quantenmechanik, die Quantenmechanik im Allgemeinen, Quellursachen aus der nicht messbaren Ebene betrachtet, die bestimmte Wirkungen verursachen, die bereits auf der messbaren Ebene manifestiert sind. Halten wir fest, dass unsere Seele aus der messbaren Ebene stammt, weil sie eine Manifestation des Geistes aus der nicht messbaren Ebene ist, die sich aber gerade auf der messbaren Ebene manifestiert. Daher ist es für uns einfacher zu erklären, warum unser Bewusstsein, das unsere Seele einschließt, ebenfalls größtenteils aus der messbaren Ebene stammt. Daher die Lokalität des Bewusstseins und das Fehlen von Multitasking. Daher haben wir "normalerweise" von der Bewusstseinsebene aus keinen Einblick in die nicht messbare Ebene. Aber unter bestimmten Bedingungen kann dies gestört werden, wie empirisch nachgewiesen wurde. Davon zeugt übrigens auch die Arbeit unseres Sechsten Sinnes, jener Domäne des Unterbewusstseins. Durch den Sechsten Sinn, die Intuition, können wir Einblick in diese ungemessene Ebene erhalten. Zum Beispiel können manche Menschen - ich würde sagen, jeder kann das - durch Intuition Einsicht in die Akasha-Chronik erhalten und daraus das Wissen ableiten, das heute Esoterik genannt wird.

2. die traditionelle Sichtweise

Normalerweise werden in der jahrzehntelangen Geschichte der Quantenpsychologie die traditionelle Meditation, die Herz-Hirn-Kohärenz-Meditation, die Visualisierung, die Affirmation, die Resonanz von visuellen und auditiven Reizen usw. als ihre grundlegenden Werkzeuge betrachtet. Es ist erwähnenswert, dass die esoPhysics eine Reihe von Modifikationen zu bieten hat, die ich mir erlauben werde, zu diskutieren. Dazu gehören die Quantenmeditation, die Quantenkohärenzmeditation des Herzens und des Geistes und unter anderem die Quantenresonanz von visuellen und auditiven Reizen usw. Bei all diesen Methoden schlägt esoPhysics die Verwendung der Quantenverschränkung als das Band der Quantenhaftigkeit vor, das diese Methoden auf die ungemessene Ebene bringt. Natürlich fanden sie auch in traditioneller Hinsicht auf der ungemessenen Ebene statt, aber in einem intuitiven Ausmaß. Darin ähneln sie der Funktionsweise der Zwei-Punkte-Methode, die eine intuitive Anwendung der Quantenverschränkung ist, und nicht dem Stein der Weisen-Algorithmus, der bereits eine bewusste Anwendung der Quantenverschränkung ist. Und so wie diese Zwei-Punkte-Methode ein Abakus für modernere mentale Quantenwerkzeuge ist, so ist auch die traditionelle Quantenpsychologie ein solcher Abakus für die von esoPhysics und der modernen Quantenpsychologie vorgeschlagenen Methoden.

Worin besteht der Vorteil dieser Methoden der esoPhysik gegenüber den traditionellen Methoden? Worin besteht der Vorteil des bewussten Handelns gegenüber dem intuitiven Handeln? Nun, die Wirkung mag ähnlich sein, denn auch einem Blinden kann es gelingen, eine Nadel im Heuhaufen zu finden. Aber Sie, lieber Leser, werden zugeben, dass bewusstes Suchen und Handeln viel effektiver ist. Und, was wichtig ist, es funktioniert immer, wie der Stein der Weisen Algorithmus. Zum Beispiel ist eine Nadel im Heuhaufen durch den bewussten Einsatz eines Magneten leichter zu finden als durch blindes Suchen. Und das ist es, was esoPhysics vorschlägt.

Schauen wir uns also einmal an, wie eine solche traditionelle Meditation abläuft, sozusagen aus der Sicht der esoPhysik?

Ich möchte Sie jedoch gleich zu Beginn daran erinnern, dass wir, d. h. diejenigen, die diese Methoden anwenden, durch die Quantenverschränkung sozusagen von der nicht messbaren Ebene aus operieren, die die Quellebene für alle physikalischen Prozesse ist, deren Wirkungen sich auf der messbaren Ebene manifestieren. Ebenso können wir auf dieser nicht messbaren Ebene Ursachen konstruieren und modellieren, die bereits in der beobachteten Realität, d. h. auf der messbaren Ebene, positive, meist gesundheitsrelevante Folgen hervorrufen werden. Und es ist auch erwähnenswert, worüber ich geschrieben habe, dass es auf der nicht messbaren Ebene Multitasking gibt, so dass wir viele Dinge auf einmal modellieren können. Und auf der messbaren Ebene, wenn wir zum Beispiel ein Haus bauen, müssen wir mühsam Stein für Stein das ganze Gebäude aufstellen (es geht um einen Maurer und nicht um ein ganzes Team). Das heißt, dann können wir kein Multitasking betreiben. Dies ist bereits empirisch bewiesen, denn nach diesem Prinzip funktioniert der von mir entdeckte und entwickelte Stein der Weisen-Algorithmus. Erinnern wir uns daran, dass Gott, das Absolute, uns praktisch nur eine Methode zur bewussten Modellierung von Quellursachen auf der ungemessenen Ebene gegeben hat. Diese Methode ist der richtige Einsatz der Quantenverschränkung. Ja, wir handeln normalerweise auch auf der ungemessenen Ebene, weil die beiden Ebenen miteinander verbunden sind, aber eine bewusste, und ich betone bewusste, d. h. geplante, Modellierung ist nur mit Quantenverschränkung möglich. Dies ist wahrscheinlich meine Entdeckung, und ich wurde zu dieser Tatsache (und zum Konzept der esoPhysics im Allgemeinen) durch Dr. Bartletts Erfahrung, d.h. seine Zwei-Punkt-Methode, geführt.

Wie meditieren wir also traditionell? Wir legen uns schweigend auf den Rücken oder nehmen eine Art Meditationshaltung ein und konzentrieren uns auf unseren Atem, beobachten (Achtsamkeit) unseren Atem und unsere Gedanken. Das machen wir viele Minuten lang so. Scheinbar einfach, aber notabene nicht für jeden geeignet, nicht bei jedem funktioniert es. Was erreichen wir auf diese Weise? Beruhigung des Zentralen Nervensystems, Regulierung aller wichtigen physiologischen Prozesse von Körper und Psyche. Mit einem Wort: schiere Güte. Aber das ist nicht jedermanns Sache, denn es ist so passiv und einfach so "intuitiv". EsoPhysics schlägt etwas Aktiveres vor.

Aber überlegen wir uns, welcher Quantenprozess hier vor sich geht? Die Antwort liegt bei genauerem Nachdenken auf der Hand: Es gibt hier eine Verschränkung der Quantenfunktion des Zustands des Herzfeldes mit der Quantenfunktion des Zustands des Geistes (Gehirn und Nervensystem). Auf diese Weise findet eine Synchronisation zwischen diesen Feldern statt, die, wie sich herausstellt, für die Verbesserung der Funktionsweise unseres gesamten Körpers und unserer Psyche von großer Bedeutung ist. Vielleicht gibt es noch andere Elemente dieses Prozesses, die ich übersehe, dann bin ich gerne bereit, diese Prozesse zu meinem Nutzen kennen zu lernen.

Diese Verschränkung ist intuitiver Natur, aber dennoch real, denn das Unterbewusstsein, das sie steuert, ist ebenfalls von der Art eines Quanten-Biocomputers. Wenn es ein Quanten-Bio-Computer ist, nutzt er die Quantenverschränkung, denn darum geht es bei einem Quantencomputer. Sie werden fragen: Aber die Menschen meditieren doch schon seit Tausenden von Jahren? Und ich werde fragen: Hat die Schwerkraft vor Tausenden von Jahren funktioniert? Wenn sie funktioniert hat, dann hat auch die Quantenmechanik funktioniert. Das gilt nicht nur für die Meditation, sondern auch für die Magie, die die Menschen schon seit Tausenden von Jahren beherrschen. Auch sie stützte sich wahrscheinlich auf die intuitive Anwendung der Quantengesetze.

Wenn wir schon ungefähr wissen, worum es bei der (traditionellen) Meditation geht, sollten wir versuchen, sie so weit wie möglich zu verbessern. Und das nennt sich Moderne Herz-Geist-Quantenkohärenz-Meditation. Alles, was wir tun müssen, ist, die Kraft der Elementarkraft, die unser freier Wille ist, bewusst zu nutzen und die Quantenverschränkung des Herzfeldes mit dem Verstandesfeld mit der Kohärenz dieser Quantenverschränkung herzustellen, so dass uns der ganze Prozess nicht von der ungemessenen Ebene "entgeht".

Ich weiß, ich weiß, einige werden sofort protestieren, denn das sind nicht alle Arten der Meditation. Schließlich gibt es Meditationen mit der Wiederholung der Silbe "Om" oder eines anderen Wortes, das uns vom Guru gegeben wird, es gibt andere Arten von Meditationen und es gibt Hunderte davon. Aber wenn man all diese Arten von Meditationen auf diese Weise analysiert, kommt man zu ähnlichen Schlussfolgerungen wie ich. Deshalb bitte ich Sie, lieber Leser, analysieren Sie als Hausaufgabe andere Arten von Meditationen im Hinblick auf die Quantenverschränkung der Komponenten dieser Meditationen. Ich versichere Ihnen, Sie werden zu interessanten

Entdeckungen kommen, die Ihren Workshop über Quantenwerkzeuge sicherlich bereichern werden.

Die Meditation mit der Wiederholung von Wundersilben (OM) ähnelt der Affirmation, und ich werde versuchen, sie weiter zu erörtern, wenn ich über die Affirmation als eines jener wirksamen Quantenwerkzeuge schreibe, die die moderne Quantenpsychologie gerne verwendet.

Diese verschiedenen Arten der Meditation haben im Laufe der Entwicklung unserer Zivilisationen eine Vielzahl hervorgebracht, und es ist unmöglich, sie alle aufzuhalten. Aber gerade dieses Beispiel, das ich hier vorstellen werde, kann als Modell und Muster dienen.

Legen Sie sich also auf den Rücken oder nehmen Sie eine meditative Haltung ein. Im Hintergrund kann ruhige Chillout- oder Wellness-Musik oder Solfeggio-Frequenzen laufen. Im Idealfall sollten wir in diesen paar Dutzend Minuten von niemandem gestört werden, aber, und das ist eine interessante

Tatsache, theoretisch funktioniert eine gut durchgeführte Meditation dieser Art immer, genauso wie der Stein der Weisen-Algorithmus immer funktioniert. Warum wird es immer funktionieren? Weil es eine bewusste Nutzung der Quantengesetze und der elementaren Naturkraft ist, die der freie Wille des Menschen ist. Das heißt, es ist eine bewusste Nutzung der Gesetze der Physik, insbesondere der esoPhysik. Wenn Sie in einem Raum das Licht einer Lampe einschalten, erwarten Sie immer den gleichen Effekt. Und hier ist es ähnlich.

Moderne Quantenmeditation über die Kohärenz des Herzfeldes mit dem Geistfeld.

Beginnen Sie bewusst zu atmen, üben Sie Achtsamkeit. Konzentriere dich eine Zeit lang auf deine Hauptchakren.

[Beschwörung in Gedanken oder im Flüsterton].

Durch die Kraft meines freien Willens führe ich jetzt die Quantenverschränkung des Feldes meines Herzens mit dem Feld meines Geistes durch.

...

{Du verschränkst tatsächlich die Quantenzustandsfunktion, die Quantenfunktion des Herzfeldes mit der Zustandsfunktion des Geistes. Diese Funktionen sind Wellenfunktionen aus der ungemessenen Ebene. Das bedeutet nicht, dass Sie es mit einer Welle zu tun haben, es ist nur so, dass die Physik aus der Sicht der Unmessbaren Ebene eine Welle ist. Sie sehen hier, dass der Korpuskular-Wellen-Dualismus nicht darin besteht, dass wir einmal ein Teilchen (zum Beispiel ein Elektron) und einmal eine Welle haben, sondern nur darin, dass einmal seine (dieses Elektron) Physik klassisch ist (von der Messbaren Ebene aus) und das andere Mal seine Physik eine Welle ist (von der Nicht-Messbaren Ebene aus).

...

[Beschwörung ein].

Durch die Kraft meines freien Willens platziere ich diese Quantenverschränkung in den Raum des Feldes meines Herzens.

...

{das ist der Punkt, an dem man die Kohärenz dieser Quantenverschränkung maximal aufrechterhalten kann, nämlich dann, wenn man durch die unmessbare Ebene [Dr. Kinslows Entdeckung] operiert.

...

Beobachten Sie sich selbst (Achtsamkeit). Wie sich Ihr Körper und Ihre Psyche verhalten werden. Sie werden eine deutliche Verbesserung in jedem Aspekt des Funktionierens Ihres Körpers und Ihrer Psyche feststellen. Sie werden ruhiger und entspannter.

...

{Wenn Sie diese Art der Meditation mit aktiver Quantenverschränkung zum ersten Mal anwenden und diesen Prozess im Herzfeld platzieren, können einige Empfindungen auftreten. Sie spüren vielleicht eine deutliche Aktivität des Herzchakras, der Herzgegend, vielleicht einen leichten Schmerz, vielleicht eine Anspannung. Das ist eine ganz normale Reaktion. Wenn Sie irgendwelche Ängste haben und übermäßig ängstlich werden, dann hören Sie auf, verwenden Sie solche Meditationen nicht, aber ich kann Ihnen versichern, dass Sie mit einer solchen Strategie nichts erreichen werden und bald Angst haben werden, überhaupt das Haus zu verlassen. Im Allgemeinen ist das Leben "schädlich" und deshalb müssen Sie die Verantwortung und einige Risiken mit dem Leben in die eigenen Hände nehmen, nicht die Schuld jemand für Ihre Fehler. Aber ich kann Ihnen versichern, dass dieses Unbehagen um das Herzfeld nach ein paar Séancen von selbst "vergeht"}.

...

Wenn Sie der Meinung sind, dass die Meditation abgeschlossen ist. Nach ein paar Dutzend Minuten.

[Beschwörung].

Durch die Kraft meines freien Willens löse ich jetzt diese Quantenverschränkung des Herzfeldes mit dem Verstandesfeld auf.

...

{Es ist sehr vorteilhaft, das formale Screening zu absolvieren}.

Dies ist sozusagen meine Zusammenstellung der Herz-Geist-Kohärenz-Meditation, aber ich ermutige jeden bewussten Leser, seine eigenen Vorschläge zu machen. Wenn Sie aktiv auf die Vorschläge für die "Übungen" eingehen, die ich hier serviere, und sie für sich selbst zusammenstellen, werden Sie viel mehr Nutzen aus der Lektüre dieses Buches ziehen. Sie gewinnen an Selbstvertrauen, an kausaler Kraft und an der Überzeugung, dass Sie aus eigener Kraft, ohne Hilfe, mit Problemen umgehen können, mit Ihren eigenen Problemen. Sicherlich werden Sie Fehler und Irrtümer nicht scheuen, aber darum geht es ja auch. Um Churchills Worte zu paraphrasieren ... geben Sie nicht auf, von Niederlage zu Niederlage, endgültig zum Sieg ....

In der Quantenpsychologie ist es sehr üblich, die so genannte Resonanz von auditiven oder visuellen Reizen oder die Kombination beider Arten mit unserem Geist, mit unserer Psyche zu nutzen. Es wird empfohlen, die richtige Art von Musik zu hören, mit den richtigen Obertönen in einer bestimmten Schwingungsfrequenz. Es wird auch empfohlen, die Augen bestimmten Farben, Bildern oder Sehenswürdigkeiten auszusetzen. Wie lässt sich diese Wirkung auf die Psyche und die Gefühle eines Menschen erklären? Nun, wie ich schon schrieb, ist die Physik auf der unmanifesten Ebene wellenförmig. Das bedeutet nicht, dass Entitäten eine Wellennatur haben, sondern nur, dass das Verhalten dieser Entitäten von Wellenfunktionen bestimmt wird. Und dass

Klang und Licht diese spezifischen Wellenstrukturen sind, und dass auf einer tieferen Ebene das Unterbewusstsein, das registriert, was wir hören und was wir sehen, die Natur eines Quanten-Bio-Computers hat und hauptsächlich auf der Ungemessenen Ebene operiert, daher gehen Klang und Bild in Resonanz, verschränken sich quantenmäßig mit den Abläufen des Unterbewusstseins und beeinflussen, schwingen mit und wirken über die Ungemessene Ebene realistisch gesundheitsfördernd oder schädlich auf unseren Körper und unsere Psyche. Aber in diesem Fall, ja beim Hören von heilender Musik oder beim Betrachten von gesundheitsfördernden Bildern, handelt es sich um eine intuitive, unbewusste Handlung, also um eine gottgefällige. Aber immerhin können wir, wenn wir diese realen Mechanismen kennen und über mentale Quantenwerkzeuge verfügen, diese Werkzeuge in diesem Fall bewusst einsetzen, womit wir die Wirksamkeit solcher Resonanzen stark erhöhen werden.

Besonders auf youtube.com, aber auch auf Spotify und anderen Musikplattformen werden solche heilenden Musik- und Bilddateien angeboten. Eine solche Datei sollte geöffnet werden, am besten begleitet von passendem Bildmaterial. Und hier hat youtube.com einen unschlagbaren Vorteil.

Heilende musikalische und visuelle Resonanz mit dem Herz- und Geistesfeld:

Setzen Sie sich in eine bequeme Position mit aufrechter Wirbelsäule und benutzen Sie einen Kopfhörer. Schalten Sie eine Datei mit dem gewünschten Musikinhalt ein. Es gibt eine Vielzahl von Kanälen mit ähnlichen Dateien auf Youtube.com. Wählen Sie einfach die Datei aus, an der Sie interessiert sind. Sagen wir, Sie wählen die Datei: Heilung des autonomen Systems. Dies ist natürlich nur ein Beispiel, es könnte genauso gut die Datei: Schutz vor negativer Energie oder eine andere sein.

Wenden Sie Achtsamkeit an. Spüren Sie die Musik mit Ihrem ganzen Selbst, beobachten Sie den visuellen Inhalt der Datei.

[Beschwörung in Gedanken oder im Flüsterton].

Ich stelle Quantenverschränkungen der auditiven Reize, die meine Ohren erreichen, und der visuellen Reize mit dem Feld meines Herzens und dem Feld meines Geistes her. So stelle ich eine Resonanz dieser multimedialen Inhalte mit dem Herzfeld und dem Verstandesfeld her.

...

{Es gibt bestimmte Hz-Frequenzen von Tönen und visuellen Obertönen, die auf eine bestimmte Weise auf den menschlichen Körper wirken. Sie können positiv oder negativ wirken. In dieser Art von Dateien verwenden bewusst und legen Sie diese Obertöne, die eine bestimmte Wirkung auf den Menschen haben. Wie ich erklärt habe, ist es, Korrektur: es war, eine intuitive Aktion, aber gerade von der ungemessenen Ebene. Ein beliebter Spruch von Tesla ... alles ist Frequenz,

Energie ist Frequenz.... Und obwohl Tesla sich hauptsächlich mit Elektromagnetismus beschäftigte, gilt dieser Scharfsinn hauptsächlich für die Quanten- und Wellenphysik. Und warum? Weil Licht eine universelle Energie ist, die auf jede Art von Interaktion anwendbar ist, und weil es mit einer Welle oder einer Frequenz verbunden ist, ist seine Physik eine Welle. Auch Schall hat eine Wellenphysik. Tatsächlich hat der Hörsinn einen Wellencharakter. Die Resonanz solcher Reize hat also eine sehr starke Wirkung, die eine bestimmte Absicht verfolgt. Hier sind zum Beispiel bestimmte phonetische Obertöne einer bestimmten Hz-Frequenz und ihre Wirkung auf den Menschen:

1. **396 Hz (Ut)**: Hilft, Ängste und emotionale Blockaden zu lösen.
2. **417 Hz (Re)**: Erleichtert Veränderung und Transformation, reduziert negative Gedanken.
3. **528 Hz (Mi)**: Als "reines Wunder" bezeichnet, unterstützt es die

Zellregeneration und harmonisiert den Körper.
4. **639 Hz (Fa)**: Verbessert die zwischenmenschlichen Beziehungen und die Kommunikation.
5. **741 Hz (Sol)**: Hilft, den Geist und die Emotionen zu klären.
6. **852 Hz (La)**: Unterstützt Intuition und spirituelles Bewusstsein.

Diese Frequenzen sind vielfältig und beziehen sich nicht nur auf das Solfeggio, zum Beispiel:

852 Hz - reinigt das Unterbewußtsein

404 Hz - Aktivierung der großen Fülle

417 Hz - Entfernt negative Energie aus der Aura

432 Hz - heilt die Aura eines Menschen....

Tatsächlich werden ständig neue Obertöne entdeckt und ihre Wirkung auf den Menschen ermittelt. Ihre Wirkung ist stark, manchmal reicht ein Dutzend Minuten des Zuhörens solcher kompositorisch verpackten Klänge aus, um ihre wirkliche Wirkung auf einen Menschen zu spüren. Die bewusstere Quantenverschränkung dieser Obertöne mit dem Herzfeld und dem Geistesfeld verstärkt ihre Wirkung. Es sollte auch daran erinnert werden, dass es äußerst schädliche und ungünstige Frequenzen gibt, die der geistigen und körperlichen Gesundheit schaden, anstatt zu "heilen"}.

...

Chillen Sie diese visuelle und phonetische Botschaft und beobachten Sie sich selbst (Achtsamkeit). Ihre Reaktionen, Ihren Körper. Es kann sein, dass Sie, besonders bei den ersten Séancen dieser Art, einige Empfindungen im Bereich des Herzchakras spüren. Es kann auch sein, dass Sie nach einigen Minuten des Zuhörens einer Datei eine andere anhören. Aber nach der gesamten Sitzung des Anhörens dieser Art von Dateien, schon am Ende, machen Sie eine Dekohärenz dieser Resonanz.

[Beschwörung].

Durch die Kraft meines freien Willens dekohäriere ich diese Quantenverschränkung (diese Resonanz) von Ton- und Bilddateien mit dem Feld meines Herzens und dem Feld meines Geistes.

Im Falle der Quantenverschränkung zweier Zustandsfunktionen, von denen die eine einen Zustand (+) und die andere einen Zustand (-) hat, und bei denen es sich um kontinuierliche Funktionen und nicht um diskrete Funktionen wie beispielsweise die Werte der Spins (der Elektronen) handelt, ändern sich diese Zustände nach einer hinreichend langen Zeitspanne so abschließend, dass die Funktion, die ursprünglich einen Zustand (+) hatte, zu (½+) und diejenige, die einen Zustand (-) hatte, zu (½-) wechselt. Dies sind alles Folgen von spontanen Quantensprüngen und der

Nichtlokalität dieser Funktionen. Ich werde versuchen, dies genauer zu erklären, wenn ich über den Stein der Weisen Algorithmus und die kognitive Prothese schreibe. Nun ist es wichtig genug, darauf hinzuweisen, dass im Falle der Resonanz der Tonsignale und der Sehsignale und des Herzfeldes und des Verstandesfeldes dieses Signal (Ton) und das Sehsignal, denen wir einen konventionellen Zustand (+) zuordnen können, nicht abnehmen, d.h. am Ende ist es nicht gleich (½+), weil sie ständig auf einer fortlaufenden Basis aufgefüllt werden, weil das Tonsignal nicht abnimmt und ständig einen konventionellen Wert (+) hat und das Sehsignal auch nicht abnimmt und ständig einen konventionellen Wert (+) hat. Das ist das Charakteristische an der Resonanz. So sinkt dieses Signal der Art (-), d.h. der Zustand des Herzfeldes und des Verstandesfeldes um viel mehr als auf (½-), so viel wie auf (-1/n), d.h. es verbessert sich erheblich. Das heißt, unter diesem Gesichtspunkt ist es sinnvoll, solche Resonanzsignale geeigneter Klangharmonien und geeignete visuelle Signale zu verwenden. Die bewusste Quantenverschränkung dieser Signale, und nicht nur das intuitive Hören dieser Signale, hat also kapital heilende Eigenschaften und fördert diesen "Heilungs"-Prozess.

Lassen Sie uns nun eine solche **Resonanz** auf eine etwas andere Weise herstellen. Stellen wir z.B. eine Quantenverschränkung eines **Problems** mit einem Musik- und Visionssignal einer bestimmten Heilharmonischen her, und platzieren wir die so entstandene Quantenverschränkung, diese Resonanz, im Herzfeld. Und hier müssen wir uns mit der Tatsache auseinandersetzen, dass sich das Problem nach einiger Zeit bis auf $(-1/n)$ seines Anfangswertes verringern wird, wir werden sozusagen eine Heilung vornehmen. Dieses "n" in diesem Bruch ist nicht einfach zu bestimmen. Es hängt von der Dauer der betreffenden Resonanzsitzung ab, aber auch vom Wert der Heilungsharmonik und des Visionsinhalts selbst. Es hängt von vielen Faktoren ab, aber letztendlich, je länger wir die Kopfhörer auf den

Ohren haben, desto größer wird dieses "n" sein, also wird es eine Senkung (streng mathematisch gesehen ist es eine Vergrößerung des gesamten Anteils, weil es ein Anteil mit einem negativen Wert ist) des gesamten Anteils (-1/n) bewirken, d.h. es wird auch eine bessere Endwirkung sein. Ich werde noch über diesen Mechanismus selbst schreiben und versuchen, ihn zu erklären, wenn ich über mentale Quantenwerkzeuge schreibe.

Resonanz des Problems: Mir fehlt Bargeld, ich bin in einer schlechten finanziellen Situation mit der Lösung dieses Problems, d.h. Musik zieht materiellen und finanziellen Wohlstand an.

Wir öffnen eine Musikdatei, die genau eine solche Finanzspritze bietet. Es gibt eine Vielzahl solcher Dateien auf YouTube.com und Spotify.com. Natürlich gibt es keine Garantie, dass sie alle gleich wirksam sind. Aber wenn wir unsere Wahl getroffen haben, dann setzen wir uns für diese paar Minuten in eine bequeme

Haltung, schalten die Musikdatei ein (Sie können hier auch ein Video hinzufügen) und beschwören.

[Beschwörung].

Durch die Kraft meines freien Willens stelle ich eine Quantenverschränkung meines Lebensproblems, des Geldmangels und des notorischen Jammerns über mangelnde Liquidität, mit den Klangreizen her, die durch die Kopfhörer in meine Ohren dringen.

[Beschwörung].

Die so entstandene Quantenverschränkung, diese Resonanz, platziere ich durch die Kraft meines freien Willens in den Raum des Feldes meines Herzens.

...

{Abhängig von der empfohlenen Dauer des Anhörens dieser Datei, die normalerweise in der Dateibeschreibung angegeben ist, hören Sie sich diese Musik so lange an. Beenden Sie dann.

[Beschwörung].

Durch die Kraft meines freien Willens löse ich jetzt diese Quantenverschränkung, diese Resonanz, auf.

{Damit ist eine einzelne Sitzung dieser Art von Resonanz abgeschlossen}.

Natürlich gibt es nichts, was auf Zeland und sein passives Handeln verweist. Es lohnt sich auch, einige aktive Schritte in diese Richtung zu unternehmen, um sich selbst zu bereichern.

Wie Sie also sofort sehen können, wird ein ähnlicher Resonanzeffekt erzielt, wenn Sie mit der Wiederholung bestimmter Sätze, Wörter oder Silben oder Affirmationen meditieren. Nun sollte das ständig verstärkte Tonsignal durch diese wiederholten Affirmationen ersetzt werden, und sie sollten einfach mit dem Herzfeld und dem Verstandesfeld, oder besser noch mit dem betreffenden Problem, quantenverschränkt sein. Das wird den gesundheitlichen Sinn solcher Affirmationen sicherlich verstärken.

Im Falle der Resonanz ist es wissenswert, dass es spezielle Kanäle auf YouTube.com gibt, wo die Dateien sowohl ein visuelles Signal enthalten, das Runen, das Elfenalphabet, Siegel und Elemente der Heiligen Geometrie umfasst, als auch ein Tonsignal mit entsprechenden Obertönen. Und diese beiden Signale bilden eine Einheit. Solche Dateien sind besonders mächtig. Man kann solche Kanäle als Ankhi Priest oder Ankhi Force oder Ankhi Power bezeichnen. Diese Dateien in diesen Kanälen sind nicht lang, aber durch diese Kombination von Vision und Klang sind sie eine enorme Kraft, sie sind bis zu 12 Minuten oder maximal 15 Minuten lang. Ich empfehle, im Zusammenhang mit der Quantenverschränkung dieser Dateien mit einem bestimmten Problem, nicht mehr als vier solcher Dateien in einer Sitzung zu hören. Wie ich noch einmal betonen möchte, sind sie extrem kraftvoll und potent, und eine Überdosis davon kann sogar gefährlich sein.

Bei "normaler" Meditation oder dem Hören von "heilender" Musik erfolgt der gesundheitsfördernde Prozess intuitiv mit viel Input aus unserem Unterbewusstsein. Bei der bewussten Meditation, wenn wir die entsprechenden Quantenverschränkungen herstellen, profitieren wir von der Elementarkraft, die unser freier Wille ist. Wir handeln dann bewusst auf der ungemessenen Ebene. Sie werden fragen: Macht das einen Unterschied, gibt es einen großen Unterschied? Meiner Meinung nach ist es ein fundamentaler Unterschied. Ein Unterschied wie der Unterschied zwischen einem Tier und einem Menschen. Als Menschen können wir die Realität bewusst modellieren, als Tiere sind wir nur passive Konsumenten dieser Realität.

3. Stress

In der heutigen Zeit haben wir, unabhängig von Alter, Gesundheit und Wohlstand, ein Übermaß an Stress und den damit verbundenen negativen Emotionen. Und hier ist anzumerken, dass es sich um eine recht primitive (frühe) Funktion des Gehirns handelt, eben die Reaktion auf Stresssituationen. Ihr Stammbaum reicht zig Millionen Jahre zurück, als sich die Säugetiere bzw. ihre Gehirne gerade bildeten, aber sie hat sich als ein großer evolutionärer Erfolg erwiesen. Und selbst die Tatsache, dass wir uns in dieser evolutionären und darwinistischen Hinsicht gegen den Rest der Tierwelt durchgesetzt haben, ist weitgehend auf diese "primitive" Eigenschaft unseres Gehirns zurückzuführen, die unkonditionierte Reaktion auf Stress und Stresssituationen. Aber heute, wo wir wahrscheinlich nicht durch eine Konfrontation mit einem Löwen oder Geparden bedroht werden, wo unsere Stressoren bereits subtiler sind als ein einfacher Kampf um Nahrung, Dominanz oder die Zeugung von

Nachkommen, sind diese primitiven Gehirnreaktionen auf Stressoren die Ursache für viele emotionale und mentale Störungen des modernen Menschen. Und hier kommt gleich die traurige Nachricht. Leider kann man nichts dagegen tun, unser Gehirn ist bereits ziemlich geformt, die Struktur des Gehirns kann nicht verändert werden, das heißt, in Bezug auf Veränderungen in den nächsten paar Zehntausend Jahren.

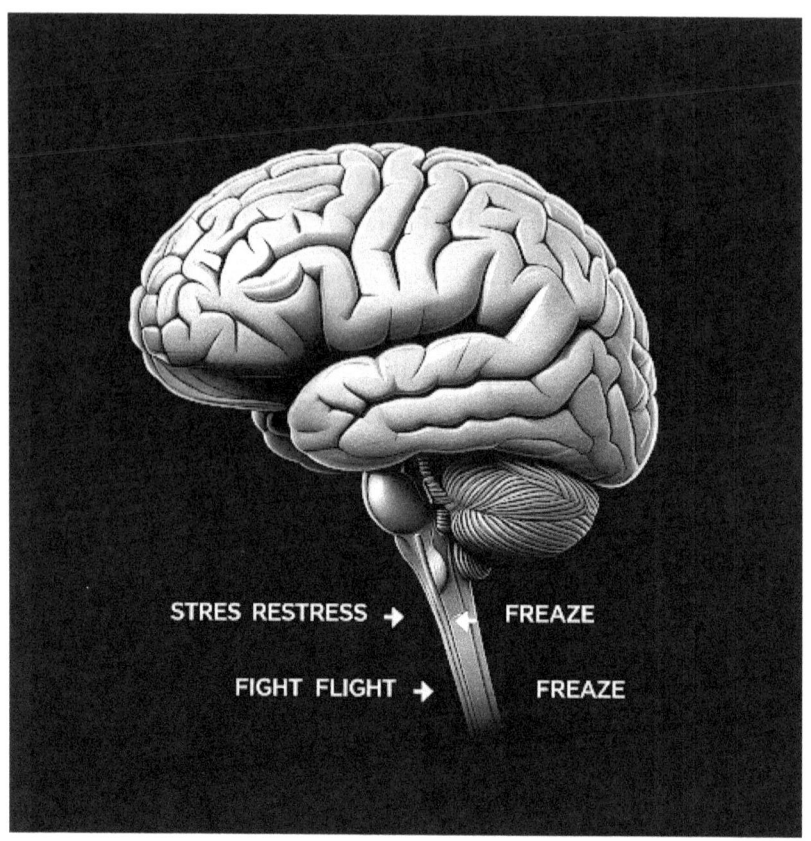

Nun ja! Nun, vielleicht wird die Biogenetik in der Lage sein, diesen Prozess erheblich zu beschleunigen, aber auf der Skala einer Lebenszeit kann nichts dagegen getan werden. Das heißt, während unserer Lebenszeit und dieses Daseins in dieser Inkarnation auf der messbaren Ebene wird nichts daraus werden. Es gibt jedoch mindestens drei gute Nachrichten, die uns bereits Optimismus geben können. Erstens: Es ist nicht so, dass das menschliche Gehirn keine Anpassungsfähigkeit an Stress, diesen schrecklichen Kummer (negativen Stress) hat. Es verfügt sogar über großartige Fähigkeiten, diesen schlimmsten Stress zu neutralisieren, d. h. chronischen Stress, der sogar ein halbes Leben lang anhält. Nun, das Gehirn verfügt über solche Abwehrfähigkeiten, und für viele Menschen ist das ausreichend, aber nicht für alle. Zweitens hat der Mensch in den letzten paar tausend Jahren, d.h. als unsere Spezies einen ziemlich bemerkenswerten Evolutionsweg durchlaufen hat, der nicht mehr biologisch, sondern sozial ist, und von einer Art Steinzeitkultur über diese Jahrtausende in die Ära der technischen Zivilisation bis zum heutigen Tag übergegangen ist, bestimmte Werkzeuge zur Stressbewältigung entwickelt. Ich spreche hier von der weithin bekannten Medizin oder auch von Meditationstechniken, über die ich in dieser Publikation bereits geschrieben habe. All dies hat es uns Menschen ermöglicht, diese primitive Reaktion auf Stress und Stressoren zumindest teilweise zu kontrollieren. Aber das reicht natürlich nicht für alle aus. Aber es gibt noch ein Drittes. Drittens: Das Zeitalter des Homo Sapiens Quantum, des Quantenmenschen, ist nun angebrochen. Die mentalen Quantenwerkzeuge sind jetzt entwickelt worden. Dies ist ein grundlegenderer Übergang als die Wende vom 18. zum 19. Jahrhundert, als das elektromagnetische Zeitalter geboren wurde und die Elektrizität befreit wurde. Jahrhunderts, als das elektromagnetische Zeitalter geboren wurde und die Elektrizität befreit wurde. Hier, mit der Entdeckung der mentalen Quantenwerkzeuge und ihrer Anwendung, haben wir die Möglichkeit, direkt auf die Quellursachen der nicht messbaren Ebene einzuwirken, die den Wirkungen unserer messbaren Ebene zugrunde liegen, so dass wir die Quellursachen beeinflussen können, die unserem Stressverhalten zugrunde liegen, so dass wir unsere primären Verhaltensweisen in diesem

Kontext von Stress, unserer Stressreaktion, in diesem Kontext der Stressreaktion unseres Körpers und sogar der Stressreaktion unseres Wesens im Allgemeinen modellieren können. Ich werde versuchen, dies im letzten Teil dieser Publikation im Detail zu beschreiben. Für den Moment schreibe ich einfach, dass die mentalen Quantum Tools eine praktische Umsetzung der esoPhysik sind, die ich in meinen Publikationen beschreibe und vorstelle. Doch bevor ich dazu komme, sollten wir zu den Quellen zurückkehren und uns fragen, was dieses Muster der Reaktion des Gehirns auf einen Stressor und eine stressige Situation ist. Wie hat die Evolution es gelöst? In einer stressigen Situation, in jeder stressigen Situation, unter dem Einfluss eines Stressors, ist es der Teil unseres Gehirns, genannt das Säugetiergehirn, das limbische System und speziell die Amygdala und der Hypothalamus, die Teile des Gehirns, die den Körper zu einer der drei ersten Reaktionen mobilisieren. Kämpfen, fliehen oder in Unbeweglichkeit erstarren. Damit einher geht ein Ausbruch von Emotionen, in der Regel negativen wie Angst, Unruhe, Gereiztheit, Aufregung, Wut, Zorn. Und erst nach dieser unbedingten Reaktion kommt der schon menschlichere Teil des Gehirns, der präfrontale Kortex, als Koordinationszentrum unseres Bewusstseins ins Spiel, das heißt, erst dann werden wir uns der Situation bewusst. Aber bevor der präfrontale Kortex ins Spiel kommt, der es uns ermöglicht, die Stresssituation realistisch einzuschätzen, passiert eine Menge in diesen Kategorien des menschlichen Überlebens oder nicht. Diese Reaktion von Amygdala und Hypothalamus ist entscheidend. Jemand wird sagen: Aber du schreibst über Transzendenz, über die Seele, und hier, als ob du dir widersprichst. Seien Sie versichert, dass es hier keinen Widerspruch gibt. Ich schreibe ja in meinen Veröffentlichungen, dass der Körper und das Gehirn materiell sind, sie sind Teil der messbaren Ebene. Unsere Körper und Gehirne haben sich im Laufe von vielen Millionen Jahren darwinistischer Evolution entwickelt, aber trotzdem gab und gibt es immer diese Verbindung zur nicht messbaren Ebene. Wie kann man sie kompetent und detailliert beschreiben? Nun, ich werde wahrscheinlich nicht in der Lage sein, sie umfassend zu beschreiben, aber ich habe bereits einen ausreichenden Korpus an empirischen Beweisen dafür vorgelegt, und wie die Wissenschaftler sagen: empirische Beweise sind der Schlüssel.

Diese Reaktion des Körpers auf Stress wäre vielleicht nicht so wichtig, wenn es nicht so wäre, dass manchmal vorübergehender Stress, wie er unseren Vorfahren in der Savanne das Leben gerettet hat, zu verheerendem chronischem Stress wird. Chronischer Stress ist bereits sehr gefährlich, denn im Extremfall führt jahrelanger chronischer Stress einen Menschen, seinen Körper, seine Psyche zu extremer Degeneration und zum Tod im Leiden. Heutzutage ist praktisch der Stress, die chronische Belastung die Grundform des Stresses, mit der wir Menschen umgehen müssen. Wie ich geschrieben habe, werden wir das Gehirn nicht verändern, auch nicht seine Mechanismen. Aber der Schlüssel dazu ist vielleicht diese Überlegung der Psychologen, die sagen, dass die Art und Weise, wie wir Stress in einer bestimmten Situation wahrnehmen, also ob als Distress (negativ) oder als Eustress (positiv) in diesem chronischen Kontext, hauptverantwortlich für **unsere Interpretation dieses Stresses** ist. Das heißt, wir kehren zum präfrontalen Kortex zurück. Aber die Wahrheit ist, dass wir diesen ersten Wurf, also diese unwillkürliche Reaktion des Amygdala-Körpers, erst einmal irgendwie überleben müssen. Und dann haben wir bereits Methoden, ziemlich effektiv: beachten Sie, das heißt, die mentalen Quantum Tools von mir entwickelt, unter anderem. Dieser chronische Stress ist ruinös. Wenn wir schlecht über das denken, was uns stresst, also vor allem über das, was uns passiert ist, also die ganze Situation falsch interpretieren (präfrontaler Kortex), also uns ständig Sorgen machen, wir grübeln, also den gegebenen Stress in Gedanken ständig auswalzen, also das Problem, können wir unsere eigene Psyche und unseren Körper zu beklagenswerten Ergebnissen führen. Und es gibt Zeiten, in denen uns die Not jahre-, ja jahrzehntelang anhaften kann. So ist es in der Tat so, dass wir heute Stress weniger mit dem Überlebenskampf in der Wildnis assoziieren, sondern mit dem Erleben der Probleme des Lebens. Und aus physiologischer Sicht sind diese Situationen - der Kampf gegen wilde Tiere und das Erleben eines Streits mit dem Chef oder einer Polemik mit der Schwiegermutter - einander gleichwertig. Interpretation! Deutung! Das ist das Schlüsselwort, und es beweist, dass Optimisten tatsächlich besser leben, weil sie immer wissen, wie sie sich eine stressige Situation so erklären können, dass sie sich selbst so wenig wie möglich schaden. So gesehen ist das Leben für diejenigen, für die das Glas immer halb voll ist, besser als für diejenigen, die die Welt als ein halb leeres Glas interpretieren. Es ist in der Tat so, dass Stress zunächst durch die Reaktion des Amygdala-Körpers ausgelöst wird, aber dann übernimmt der präfrontale Kortex das Ruder. Aber können wir uns (dem präfrontalen Kortex) wirklich immer einreden, dass dieser Stress, der uns gerade packt, trivial ist? Nun, nicht immer. Geben wir zu, dass selbst einem geborenen Optimisten solche Ereignisse widerfahren, die er nicht zu bagatellisieren vermag. Tod eines Familienmitglieds, schwere Krankheit, Verlust des Arbeitsplatzes, Verlust des Lebensunterhalts, Unglück, Verkehrsunfall usw. Es ist nur so, dass von solchen gottgegebenen Tributen bis zum echten chronischen Stress und seinen verheerenden Auswirkungen noch ein weiter Weg zu gehen ist. Wie ich bereits schrieb, verfügt unser Gehirn über interne Abwehrmechanismen, die für die meisten Menschen ausreichen, um mit Gottes Tributen langfristig fertig zu werden. Darüber hinaus verfügen Medizin und Psychologie in diesem traditionellen Verständnis bereits über sehr wirksame Instrumente, um selbst mit hohem chronischem Stress, der klinischen Art, fertig zu werden. Nun, und dann gibt es noch diesen dritten Weg, die Quantenpsychologie, oder mentale Quantenwerkzeuge. Dieser Weg führt die Menschheit auf eine neue Stufe in der Entwicklung der menschlichen Zivilisation, auf die Stufe des Homo Sapiens Quantum.

Und wenn es um Stress, chronischen Stress geht, ist heutzutage eine ziemlich häufige Reaktion des Körpers und der Psyche auf diesen Stress verschiedene psychosomatische Krankheiten. Im letzten Jahrhundert wurde in der Medizin sogar das Symptom der Chicago Seven geprägt, das heißt, eine Liste von sieben Krankheiten des Körpers, die psychosomatische Krankheiten sind. Diese waren: Magengeschwür, Bluthochdruck, Asthma bronchiale, rheumatoide Arthritis, entzündliche Darmerkrankungen, Schilddrüsenüberfunktion, atopische Dermatitis. Heute können dieser Liste noch Diabetes, Fettleibigkeit, Asthma, Arteriosklerose, Psoriasis usw. hinzugefügt werden. Die Zahl der Krankheiten hat sich also beträchtlich erhöht, und man schätzt, dass ein großer Teil der Krankheiten, nämlich 20 bis 30 %, psychosomatischer Natur ist.

Psychosomatische Erkrankungen sind Ausdruck der Tatsache, dass sich in einer permanenten, chronischen Stresssituation die Schwachstellen, die schwächsten Punkte unseres Körpers zunächst "setzen", was zunächst nicht mit pathologischen Veränderungen an diesen Punkten einhergehen muss, sozusagen als Sicherheitsventil für den ganzen Körper. Aber dann, im Endstadium, können spezifische pathologische Veränderungen an diesen Punkten auftreten und tun es meistens auch. Und so kann jemand jahrelang falsche Vorinfarktsignale psychosomatischer Natur haben. Das heißt, er wird Symptome eines Herzinfarkts haben, ohne dass es organische Veränderungen gibt, aber am Ende, nach Jahren, wird er wirklich einen solchen echten Herzinfarkt bekommen.

Neben spezifischen Veränderungen im Körper führen Stresssituationen auch zu spezifischen Verhaltensänderungen im Verhalten eines Menschen, in seiner Psyche und vor allem auch in seinen Charaktereigenschaften, also zu negativen Veränderungen. Nicht umsonst habe ich über die negativen Auswirkungen von Langzeitstress auf den Körper geschrieben, denn auch dies steht in direktem Zusammenhang mit Veränderungen in der menschlichen Psyche. Und damit befasst sich die Psychologie im Allgemeinen und die Psychiatrie im Extremfall. Die Quantenpsychologie umfasst all diese Pathologien auf einmal und versucht, sie auf quantenmechanische Weise "geradezubiegen". Und zwar sowohl die Pathologien des Körpers als auch diejenigen, die die Psyche, die Seele betreffen. Aber welche Arten von praktischer Psychologie haben sich bisher herauskristallisiert, und das bereits nach fast zweihundert Jahren seit den Anfängen der modernen Psychologie? Welche Arten von Psychologie sind das also?

Hier sind einige der Grundtypen der modernen Psychologie:

** **Kognitionspsychologie**: beschäftigt sich mit der Untersuchung von Denkprozessen wie Wahrnehmung, Aufmerksamkeit, Gedächtnis, Denken und Problemlösung. Kognitionspsychologen versuchen zu verstehen, wie Menschen Informationen verarbeiten und wie sie ihre kognitiven Funktionen verbessern können.

Behaviorismus: befasst sich mit der Untersuchung des menschlichen und tierischen Verhaltens. Behavioristen glauben, dass Verhalten das Ergebnis von Umweltkonditionierung ist und versuchen zu verstehen, wie die Umwelt das Verhalten beeinflusst.

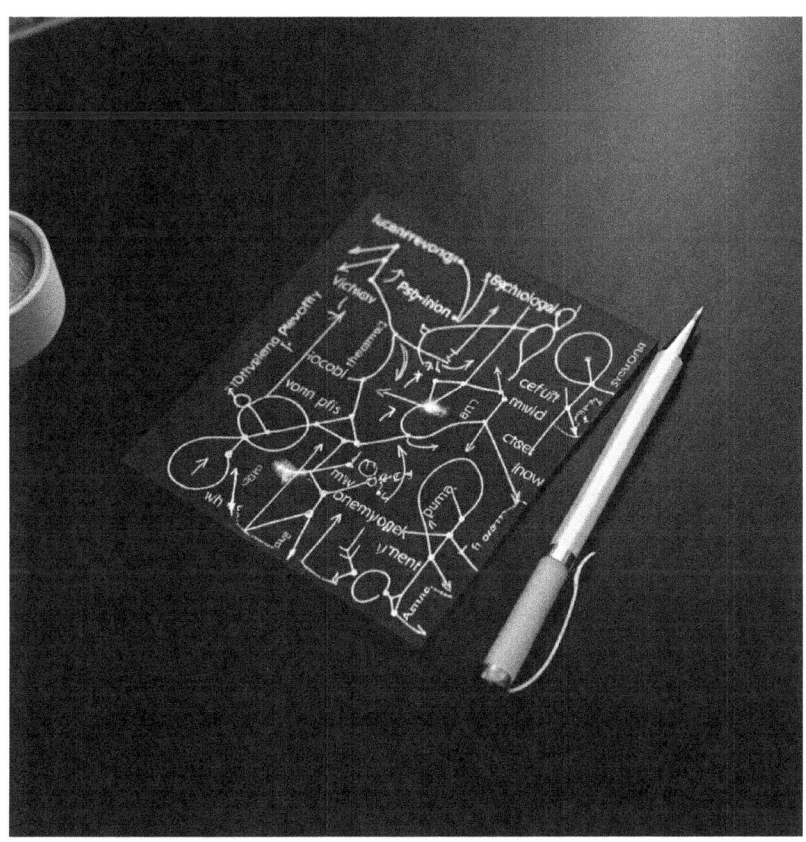

Humanistische Psychologie: befasst sich mit dem Studium der menschlichen Emotionen, der Motivation und der persönlichen Entwicklung. Humanistische Psychologen glauben, dass die Menschen ein angeborenes Potenzial für das Gute haben, und versuchen, den Menschen zu helfen, ihr volles Potenzial zu erreichen.

Psychoanalyse: ist eine von Sigmund Freud entwickelte Theorie und Behandlungsmethode. Psychoanalytiker glauben, dass menschliches Verhalten das Ergebnis unbewusster mentaler Prozesse ist, und versuchen, den Menschen zu helfen, ihre unbewussten Konflikte zu verstehen und zu verarbeiten.

Sozialpsychologie: untersucht, wie Menschen sich gegenseitig beeinflussen und wie soziale Gruppen das Verhalten der Menschen beeinflussen. Sozialpsychologen versuchen zu verstehen, wie Menschen ihre Einstellungen und Verhaltensweisen gegenüber anderen Menschen entwickeln.

Evolutionspsychologie: untersucht, wie sich menschliches Verhalten und mentale Prozesse im Laufe der Zeit entwickelt haben. Evolutionspsychologen versuchen zu verstehen, wie menschliches Verhalten eine Anpassung an die Umwelt ist und wie es durch die Evolutionstheorie erklärt werden kann.

Neuropsychologie: untersucht, wie das Gehirn und das Nervensystem Verhalten und geistige Prozesse beeinflussen. Neuropsychologen versuchen zu verstehen, wie sich Hirnschäden auf das Verhalten auswirken können und wie sie behandelt werden können.

Dies sind nur einige der Grundtypen der modernen Psychologie. Jede dieser Arten hat ihre eigenen Theorien, Methoden und Interessensgebiete, aber sie alle versuchen, menschliches Verhalten und mentale Prozesse zu verstehen. Es stellt sich heraus, dass Emotionen, emotionale Zustände und Denkprozesse in all diesen Bereichen eine zentrale Rolle spielen. Das heißt, wie ich bereits schrieb, ist der Schlüssel bei Stress die **Interpretation des Problems (Stress, Stressor)** und alles, was damit zusammenhängt. Das heißt, der Zustand und die Arbeit unseres präfrontalen Kortex sind ebenfalls entscheidend. Das ist vielleicht ungenau und gibt nicht die ganze Tiefe des Problems wieder, aber in erster

Näherung läuft es darauf hinaus. In einer Stresssituation, im Allgemeinen in einer Problemsituation, kommt es zunächst zu einem unkonditionierten Reflex, einer Freisetzung von Emotionen und Gefühlen, und dann **interpretiert** der präfrontale Kortex **die Situation**. Bei chronischem Stress kommt es zu einer allmählichen Verzerrung zu Lasten dieser einfachen physiologischen Reaktion. Diese verzerrten, manchmal karikierten Emotionen und Gefühle haben dann eine zerstörerische Kraft und zerstören den eigentlichen Denkprozess, was zu den Verhaltens- und Denkproblemen führt, die eine Folge dieses negativen chronischen Stresses sind.

Es sollte auch nicht vergessen und berücksichtigt werden, dass das Gehirn und alles, was mit der Arbeit des Gehirns zu tun hat, kumulativ ist. Was bedeutet das? Es bedeutet, dass seine Ressourcen überlastet werden können. Schließlich ist das Gehirn Materie, es hat materielle Ressourcen. Und diese kumulative Natur ist progressiv, und das Gehirn füllt sich im Laufe des Lebens. Es stimmt nicht, dass das Gehirn über unendliche Ressourcen verfügt. Aber es stimmt, dass seine Akkumulationsfähigkeit beeindruckend ist. Junge Menschen sind vielleicht nicht so stark davon betroffen, aber meist sind es reife Menschen. Die jungen Menschen kennen ihre Grenzen noch nicht. Sie haben das Potenzial und den Enthusiasmus, die Welt zu gestalten, aber sobald sie ihre Grenzen kennen, liegen sowohl die Jugend als auch das Potenzial hinter ihnen, und dann stößt das Gehirn möglicherweise an seine Grenzen. Was kann überlastet werden, was kann überakkumuliert werden? Sicherlich negative Emotionen, Gefühle wie: Furcht, Angst, Sorge, Ärger, Frustration. Aber auch positive Emotionen wie: Freude, Euphorie, Aufregung, usw. Es ist auch möglich, im Laufe eines Lebens oder von Jahrzehnten zu viel Wissen anzuhäufen. Und zwar sowohl in diesem allgemeinen Sinne des Wortes als auch in diesem Sinne des Fachwissens. Diese Anhäufung wird also eine Überlastung für unseren Körper, für unser Wesen darstellen. Sie wird also zu einem sehr gefährlichen Stressor, der in gewisser Hinsicht sogar zum Untergang und zum Tod führen kann. Und der springende Punkt ist, dass solche Anhäufungen ohne bewusstes Handeln durch mentale Quantum Tools praktisch irreversibel sind. Sie werden fragen: Und was hat unsere Transzendenz dazu zu sagen? Gute Frage. Wie ich schon schrieb, sind unsere Bewusstseine ein Kompositum, eine Überlagerung unserer evolutionären Gehirnfähigkeiten mit unserer Seele, jener Transzendenz in uns, die direkt von der unmanifesten Ebene kommt. Und so wie ein Mensch physisch getötet werden kann, kann er zerstört werden oder er kann sein Gehirn und seine Psyche, diese Körperlichkeit in sich selbst, zerstören, was folglich dem physischen Tod gleichkommt. Kann die Transzendenz in uns zerstört werden? Ich weiß es nicht. Ich nehme an, nicht, denn unser Geist aus der immateriellen Ebene ist unsterblich, es sei denn, das Absolute entscheidet anders. Was ich jedoch weiß, ist, dass es möglich ist, unsere Seele, unseren Geist, zu formen und zu gestalten, denn das ist schließlich der Inhalt unseres Weges der spirituellen Entwicklung. Und wie die Tradition und die Überlieferungen es behandeln, erhebt der Tod unter tragischen Umständen, der sogenannte Heldentod, unseren Geist. Beispiele dafür sind der Tod auf dem Schlachtfeld, im Kampf zur Verteidigung der Unterdrückten, der Heimat, in Selbstverteidigung. Aber niemand weiß es wirklich genau, weil es an Rückmeldungen von Menschen mangelt, die so etwas erlebt haben. Denn der Weg dorthin, auf die Unermessliche Ebene in einer bestimmten Inkarnation, ist nur ein Weg. Sicher ist, dass jeder, der die Vergewaltigung eines anderen Menschen verursacht, zur Rechenschaft gezogen wird, denn das ist das moralische Gesetz. In dieser Welt oder in der anderen Welt. Ja, es ist möglich, den staatlichen Gesetzen auszuweichen, sich zu verrenken, zu manövrieren, sie sogar recht erfolgreich zu umgehen. Gesetzliche Gesetze sind die letzten paar tausend Jahre in der Geschichte unserer Spezies entrückt. Es gab keine staatlichen Gesetze, es gab keine Kodizes, keine Paragraphen und trotzdem haben Moralgesetze den Menschen immer geschützt. Und wenn jemand eine atheistische Weltanschauung hat und denkt, dass er auf diese Weise der Gerechtigkeit entgehen kann, dann mag er angesichts dessen, was ich schreibe, ein gewisses Unbehagen empfinden. Leider tappen die Menschen heutzutage in eine gewisse moralische Falle und denken, wenn sie es irgendwie schaffen, sich der strafrechtlichen Verantwortung zu entziehen, ist nichts passiert und sie sind rein wie eine weiße Lilie. So wird die Übertretung eindeutig mit der strafrechtlichen Verantwortung in Verbindung gebracht. Das ist aber nicht ganz so, denn staatliche Gesetze, Kodizes können umgangen werden, vor allem die Menschen, die den Staat, unser Leben kontrollieren, haben solche Möglichkeiten, aber die Moralischen Gesetze haben es bisher noch nicht geschafft, jemanden zu umgehen. Und so wird es früher oder später dazu kommen, dass man für jede Missetat, die man im Leben begangen hat, bezahlen muss. Ich empfehle jedem, sich mit der Theorie vertraut zu machen, die zu diesem Thema von Dr. Eng. Jan Pajak zu diesem Thema geschriebene Theorie über die menschliche Moral kennenzulernen, die ich das Allgemeine Gesetz des Karmas nenne. Ein sehr informativer Text, der viel erklärt.

Wenn wir bereits einen solchen Fall von Kopf Überlastung Probleme haben. Ob es nun mit Emotionen, Lebenserfahrungen oder sogar Wissen zu tun hat, es scheint, dass die letzte Möglichkeit für eine Person die richtig "eingestellten" mentalen Quantum Tools sind. Sie sind es, die die Bedingungen auf der unmessbaren Ebene verändern können, um die Rückkehr zur Normalität unseres Gehirns, Geistes oder unserer Psyche zu gewährleisten. Wie ich in der "Einstellung" solcher Werkzeuge, sei es der Stein der Weisen Algorithmus, der Cognitive Protector, geschrieben habe, kann der gesamte Problemkomplex angegriffen werden, entsprechend der Tatsache, dass Multitasking die Norm auf der Nicht-Messbaren Ebene ist. So kann man mit dieser Methode den gesamten Problemkomplex auf einmal "heilen". In meinen Anwendungen dieser Werkzeuge kann ich geschlagene zehn Minuten damit verbringen, ein solches Werkzeug wie die kognitive Prothese "einzurichten". Ich sage das also sozusagen aus der Position heraus, dass die Empirie, zumindest bei mir, die Theorie bestätigt. Generell habe ich die gesamte Theorie der esoPhysics auf der Grundlage der Erfahrungen von Dr. Bartlett, seiner Zwei-Punkte-Methode, entwickelt. Und auch hier stimmt die Empirie mit der Theorie überein.

Im nächsten Kapitel werde ich beschreiben, wie sich das Phänomen der inneren Energie von Wesenheiten, materiellen Körpern, Lebewesen aus der Unmanifestierten Ebene durch die sogenannte Radiästhesie manifestiert und realisiert. Und welchen praktischen Nutzen dies im Zusammenhang mit der menschlichen geistigen und körperlichen Gesundheit bringen kann.

4 Seltsame Energie

Nun, das ist richtig, seltsame Energie. Jedes Wesen "hat" sie. Und ein Kieselstein, ein Kristall, ein Stock, ein Berg, ein Haus, ein Lebewesen und erst recht ein Mensch. Aber die Wissenschaft, ihr offizieller Mainstream, lehnt diese Enthüllungen ab, und obwohl es sich um streng empirisches, wiederholbares und überprüfbares Wissen handelt, lehnt die Wissenschaft es ab. Und warum? Weil die offizielle Strömung der Wissenschaft einstufig ist, und das beinhaltet die Aussage, dass die Wissenschaft nur Entitäten und Körper anerkennt, sagen wir, aus der messbaren Ebene, derjenigen, auf der der Physikalismus dominiert. Die Wissenschaft erkennt nur solche Entitäten an, die "messbar" sind, das heißt, die von Messgeräten angezeigt werden. Und diese "fremde Energie" kann mit einer Ausnahme nicht gemessen werden. Diese Energie kann nur mit dem sechsten Sinn, der Intuition, gemessen werden. Wie ist sie also beschaffen? Ist es eine Masche, oder sind diese Dinge erfunden? All dieses Prana, Ki, Chi, Mana, usw. Könnten sich die mächtigen Zivilisationen des Ostens geirrt haben? Könnten moderne Wünschelrutengänger falsch liegen und nur Unsinn erzählen?

Aber alle, die erkennen, dass die Wirklichkeit tiefer ist als das Materielle, müssen zugeben, dass die esoPhysik mit ihrer Aufteilung der Wirklichkeit in zwei Ebenen dieses scheinbare Paradox auflöst.

In der Interpretation der EsoPhysik ist diese seltsame Energie einfach die Energie, die jedes Wesen, auch das materielle, auf der unmessbaren Ebene oder vom Punkt der unmessbaren Ebene aus hat. Und selbst die Tatsache, dass diese Energie in den Händen der Esoteriker nur durch die Bewegung eines Pendels "messbar" ist und in Bovis-Einheiten geeicht wird, beweist, dass sie tatsächlich unmessbar ist. Denn wenn sie messbar wäre, würde sie in Joule oder Kalorien oder anderen für Energie geeigneten Einheiten gemessen werden. Die Wissenschaftler, die Physiker spreizen die Hände und sagen, sie seien hilflos, aber es ist weithin bekannt, dass selbst prominente Physiker, seriöse Wissenschaftler, heimlich, sozusagen nachts, als Hobby, Radiästhesie betreiben oder das Tarot aufdecken.

Das heißt, wie zu verstehen, dass diese Energie nicht messbar ist, und zur gleichen Zeit die Radiästhesie weiß, wie man es zu bestimmen, ba!, weiß sogar, wie man den Grad der Intensität genau in Bovis Einheiten zu bestimmen? Diese Fähigkeit, das heißt, diese Energie zu studieren und zu lokalisieren, hat fast jeder, aber? Aber je nach Talent machen es einige besser, genauer, andere schlechter, aber? Aber nur ein kleiner Prozentsatz der Menschen ist völlig frei von diesem Talent. Nur 5 % der Bevölkerung haben diesen Defekt und wissen nicht, wie sie es machen sollen, weil ihre eigene Energie (ja, ja, die innere Energie, die fragliche) umgepolt ist. Das liegt daran, dass Männer diese Polarität im Gegensatz zu Frauen haben. Es kommt vor, dass wir aufgrund von Lebenssituationen, erlebten Belastungen, diese Polarität plötzlich umlenken. Und dann können und sollten wir, wenn wir das merken, zu einem Wünschelrutengänger gehen, der sein Metier richtig beherrscht, damit er uns diese richtige Polarität wiedergibt. Der gesamte Vorgang dieser Art sollte nicht länger als fünf Minuten dauern. Ohne dies sind wir einer Reihe von Unannehmlichkeiten ausgesetzt. Erstens, dass wir ohne sie das Pendel und die Esoterik im Allgemeinen nicht benutzen können, zweitens, dass wir einer Reihe von Krankheiten verschiedener Ursachen ausgesetzt sind, zum Beispiel energetischen. Aber natürlich können wir, ohne es zu wissen, viele Jahre lang mit umgekehrter Polarität leben, genauso wie man viele Jahre lang mit chronischen Krankheiten leben kann.

Das heißt, die Schlussfolgerung ist, dass wir Menschen diese unmessbare Energie messen können. Warum? Weil unsere Seelen dieser unermesslichen Ebene entspringen. Generell auch, weil Lebewesen mit dieser unmessbaren Ebene verbunden sind. Das Phänomen des Lebens ist von der Wissenschaft bis heute nicht erforscht worden, obwohl ihre Bemühungen in dieser Hinsicht schon mehrere hundert Jahre alt sind. Und, so ist zu vermuten, es wird der Wissenschaft auch nie gelingen, denn das Leben, die Lebewesen benötigen jenes zusätzliche Element des Göttlichen, jenes Wunder des Lebens, das die tote Materie nicht besitzt. All dies führt dazu, dass der Mensch neben den fünf gewöhnlichen (konventionellen, denn es gibt viel mehr) Sinnen, die er braucht, um hier auf der messbaren Ebene zu funktionieren, einen weiteren Sinn hat, einen sechsten Sinn (Intuition), der es ihm erlaubt, mit der nicht messbaren Ebene, mit der Akasha-Chronik oder der göttlichen Energiematrix zu kommunizieren.

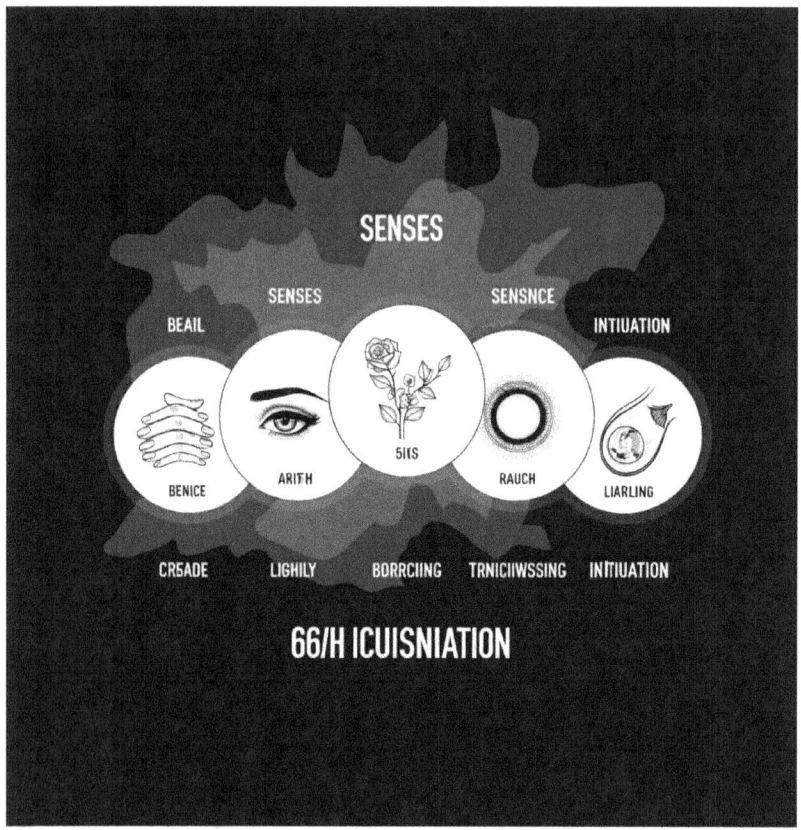

Wie funktioniert das?

Wir können diese "Fremde Energie" durch die Bewegung des Pendels in unserer Hand wahrnehmen. Das Unterbewusstsein als dieser Quanten-Bio-Computer arbeitet und empfängt von subtilen Informationen aus der

Unmanifesten Ebene, einschließlich Informationen aus der Akasha-Chronik (Göttliche Energiematrix), aber auch aus der Unmanifesten Ebene im Allgemeinen, und dies manifestiert sich in den unbewussten Bewegungen unserer Handmuskeln und auch unseres Körpers, die dann direkt die Bewegung des Pendels in unseren Händen beeinflussen können. Der Mechanismus ist viel komplizierter, aber er läuft darauf hinaus, dass jeder Mensch einen zusätzlichen Sinn hat, einen "sechsten Sinn", mit dem er Informationen aus der unmanifesten Ebene empfängt. Dies wird von zwei Faktoren beeinflusst. Einmal ist das Unterbewusstsein gewissermaßen ein Quanten-Biocomputer. Der Funktionsmechanismus dieses Biocomputers ist noch nicht ausgearbeitet, aber es ist wissenswert, dass selbst diese Physiker der Ein-Ebenen-Tendenz annehmen, dass im Gehirn subtile Quantenverschränkungsprozesse von Strukturen, die Mikrotubuli genannt werden, stattfinden, in und durch die Quantenprozesse das Phänomen des menschlichen Bewusstseins erzeugen. Zweitens schlägt esoPhysics, mich eingeschlossen, vor zu erkennen, dass das Bewusstsein die Überlagerung von Gehirnprozessen ist, die sich aus der Körperlichkeit und dem Animalischen der Gehirnstruktur mit der menschlichen Seele ergeben, die eine Verbindung mit der unmanifesten Ebene hat. Dies scheint die einfachere (einfachste) Erklärung im Kontext der gesamten EsoPhysik zu sein, aber wie sie wirklich ist, ist schwer zu beurteilen. Erst wenn die Wissenschaft zu den Ideen der esoPhysik durchdringt und eine seriöse Forschung in dieser Richtung beginnt, erst dann werden wir die ganze Wahrheit über dieses Thema erfahren. Der Vorteil der esoPhysik ist, dass sie erkennt, dass das Unterbewusstsein zwar ein Quanten-Bio-Computer ist, aber die Prozesse des Unterbewusstseins bis hin zur unmanifesten Ebene weitgehend unbewusst ablaufen (wie übrigens der Name schon sagt: unbewusst). Der Mensch selbst kann jedoch bewusst, und hier wohl mit großer Seelenbeteiligung, mit seinem Freien Willen, dem Attribut unserer Seele, bewusst Quantenprozesse (Quantenverschränkung) erzeugen, um bewusst auf und durch die Unmanifestierte Ebene zu wirken. Und beide Prozesse wirken sich auf unterschwellige Bewegungen der Muskeln der Hände oder anderer Körperteile aus, die dann als Bewegung eines Pendels oder Stabes interpretiert und beurteilt werden können.

So können wir die inneren Energien von materiellen und lebenden Körpern wahrnehmen. Wir können auf diese Weise Metallerzlagerstätten, Wasserläufe usw. lokalisieren. Wir können auf diese Weise auch Informationen aus der Akasha-Chronik entnehmen, in der alle Ereignisse aufgezeichnet sind, die stattgefunden haben, sowie alle Ereignisse, die stattfinden können, und ich betone: stattfinden können.

Und hier eine kleine Abschweifung. Wenn wir es unter Laborbedingungen mit einem Experiment der Quantennatur zu tun haben, können wir in der Regel eine Reihe von diskreten Werten einer gegebenen Observablen erhalten, und die realisiert werden, ist es bereits .... Die Physiker behaupten, dass es sich um ein Werk des Zufalls handelt (Indeterminismus)???? Im normalen Leben, wenn wir zu den bekannten vier elementaren Kräften eine zusätzliche elementare Kraft hinzufügen, nämlich den freien Willen des Menschen, stellt sich heraus, dass wir auch eine diskrete Menge von Ereignissen erhalten, die wir bekommen können, und die realisiert werden, es ist bereits .... es hängt bereits vom Willen des Absoluten ab!!! Und das ist in der Akasha-Chronik festgehalten. Das bedeutet, dass die Welt nicht im Voraus bestimmt wird, sondern es bedeutet, dass Gott fortlaufend Entscheidungen trifft, er bestimmt sozusagen die Physik der Welt fortlaufend. Dies geschieht auf der ungemessenen Ebene und unterliegt dem Multitasking-Modus (den ich bereits beschrieben habe). Wir werden diese Eigenschaft, dieses Multitasking, der Unmessbaren Ebene weiterhin nutzen, wenn wir mentale Quantenwerkzeuge wie die Kognitive Prothese konstruieren, um die Macht der Quantenverschränkung optimal zu nutzen. Es stellt sich heraus, und darüber werde ich später im Buch noch schreiben, dass diese mentalen Quantenwerkzeuge der wirksamste Schutz für den mentalen Zustand eines Menschen sind. Und die effektivste Methode zur Lösung von Problemen im menschlichen Leben im Allgemeinen.

In der Tat hat also fast jeder Mensch die Gabe der Intuition. Offenbar sind Frauen stärker mit dieser Gabe ausgestattet als Männer. Es scheint, dass das Unterbewusstsein eine Schlüsselrolle spielt. Dieses Buch wird kein Handbuch darüber sein, wie man diese Gabe der Intuition effektiv nutzen kann, aber ich gebe zu, dass das Wissen, das auf diese Weise fließt, sehr wertvoll ist und unterschätzt wird, besonders von Männern.

Wie macht sich die Esoterik die Intuition zunutze? Meistens durch die Arbeit mit dem Pendel. Es ist die effektive Bewegung des Pendels, die die Informationen der Intuition zu einem bestimmten Thema transportiert.

Wie ich schon schrieb, ist diese Bewegung das Ergebnis von Hand- und Körpermuskelbewegungen, als Ergebnis der unterbewussten Reaktion auf ein bestimmtes Problem. Und es gibt eine Vielzahl von Pendelarten. Jeder dieser Typen entspricht mehr oder weniger einer anderen Art von Problemen im Zusammenhang mit der unmanifesten Ebene. Einige Pendel heilen, andere laden auf, andere läutern, andere offenbaren Wissen, das nur von der Akasha-Chronik gegeben wird, andere lokalisieren bestimmte Wesenheiten, usw., usw., usw. Es ist jedoch zu bedenken, dass man bei der Arbeit mit Pendeln eine Art von Gesundheit und Sicherheit bei der Arbeit mit Pendeln anwenden muss, da das Pendel sonst verrückt wird und Unsinn macht. So sollte man bei der Arbeit mit dem Pendel häufige Pausen einlegen, man sollte die Pendel häufig reinigen. Dies sind jedoch bereits detaillierte technische Probleme einer solchen Arbeit. Was man weiß, ist, dass zuverlässige Erkenntnisse, die auf diese Weise gewonnen werden, überprüfbar sind, zum Beispiel durch andere, die mit Pendeln arbeiten. Es besteht also nicht die Gefahr, dass Unsinn und Unsinniges durch Esoterik reproduziert wird. Jede Information wird geprüft und verifiziert. Die offizielle Strömung der Wissenschaft, obwohl es sich um rein empirisches Wissen handelt, ist hier hilflos, so dass die Wissenschaft hier eine Strategie angewandt hat, dass sie alles ablehnt, was mit

Intuition, mit der ungemessenen Ebene, mit Pendeln zu tun hat. Einstufige, atheistische Interpretationen der Quantenwissenschaft, wie Kopenhagen und all ihre Klone, sind hier völlig hilflos und wehren sich gegen diese Themen, als ob dies die Realität wirksam falsifizieren würde. Die Wahrheit wird sich selbst verteidigen, wie die formale Logik sagt, aber es gibt immer diese Möglichkeit, die Unwahrheit zu duplizieren. Und dann haben wir es nicht mit logischen Schlussfolgerungen zu tun, sondern mit dem Säen von Unsinn. Bislang scheint es, dass die Befürworter der einstufigen Kopenhagener Deutung seit fast einem Jahrhundert solchen Unsinn verbreiten.

Wie ich bereits schrieb, ist der geschickte Einsatz von Pendeln sehr nützlich. Wir werden sie brauchen, wenn wir mentale Quantenwerkzeuge einrichten. Erstens, um das Problem richtig zu formulieren, und zweitens, um die Lösung des Problems richtig zu formulieren. Ich schreibe das sozusagen im Vorfeld und sozusagen in dieser Publikation, aber jeder, der meine anderen Publikationen gelesen hat, weiß schon mehr oder weniger, was ich meine. Sie sehen also hier sofort, was ich in meinen Büchern immer wieder unternehme, dass Esoterik, Magie nichts anderes ist als die effektive Anwendung von Quantenmethoden. War die Schwerkraft in der Vergangenheit universell anwendbar? Ja, sie war in Kraft und die Erde zappte in ihrer Umlaufbahn um die Sonne. War das Quantum in der Vergangenheit gültig. Ja, sie war in Kraft, und die Menschen haben dieses Element der Transzendenz in sich. Ich zeige nur, dass Magie und Esoterik ansonsten eine intuitive Anwendung von Quantum-Methoden und -Werkzeugen ist.

5. mentale Quantenwerkzeuge

Das wichtigste grundlegende mentale Quantenwerkzeug, das ich entwickelt habe, ist der Stein der Weisen-Algorithmus und die daraus resultierende kognitive Prothese, die sich auf mentale und psychologische Prozesse sowie auf die Gesundheit von Körper und Seele beschränkt. Bevor ich jedoch auf diese Werkzeuge eingehe, muss ich auf die Geschichte der ganzen Idee, die Geschichte der Idee der Quantenwerkzeuge, eingehen.

Obwohl die Theorie der Quantenmechanik mehr als ein Jahrhundert alt ist, wurde der wirkliche Durchbruch auf diesem Gebiet im 20. Jahrhundert, in den späten 1980er und frühen 1990er Jahren, erzielt, als die Quantenmechanik, im weitesten Sinne verstanden, vergeistigt wurde. Damals setzte sich die Erkenntnis durch, dass die vorherrschenden Paradigmen in der Mainstream-Wissenschaft, der Physik, ja, die atheistischen und einstufigen Paradigmen, unzureichend und unbefriedigend für ein breites Spektrum von unabhängig denkenden Menschen und Menschen, die an einen tieferen Sinn der Realität glaubten, waren. Damals dachte man weder in ähnlichen Begriffen wie die esoPhysik, noch teilte man die physikalische Realität in zwei Ebenen. Alles wurde als eine einzige Ebene behandelt, und dennoch begann man, Quantum mit Spiritualität im weitesten Sinne in Verbindung zu bringen. Wie unbewusst, auf intuitive Weise, begann man, Spiritualität zusammen mit Quantum zu behandeln, damals noch beschränkt auf die Idee des Quantenfeldes, aber es war schwierig, den Formalismus des Quantums zu vereinbaren und seine Eigenschaften als zur gleichen Ebene wie Spiritualität gehörend zu betrachten. Man muss zugeben, dass die theoretischen Physiker es sich nicht leicht gemacht haben (und es auch heute nicht tun), dieses Problem zu lösen. Sie zogen und ziehen es auch heute noch vor, über ein hypothetisches Mehrwort zu sprechen, anstatt sich in ihren Stellungnahmen auf Spiritualität und das Absolute zu beziehen.

Nun, in den 1990er Jahren bemerkte jenseits des Atlantiks ein gewisser Dr. Richard Bartlett, von Beruf Neuropathologe, dass, wenn man unter bestimmten Bedingungen einen Finger der einen Hand auf eine kranke Stelle am Körper eines Patienten legt und den anderen Finger der anderen Hand auf eine bestimmte gesunde Stelle am Körper desselben Patienten, eine Spontanreaktion manchmal zur Heilung führt, und das sogar bei schweren Erkrankungen. Einige seiner Patienten wurden wegen Skoliose behandelt, und dann konnten auf diese Weise besonders oft Heilungen erzielt werden, und zwar fast vollständig und beim ersten Mal. Dr. Bartlett beschrieb die gesamte Methode in mehreren Büchern und nannte sie, wie sie auch heute noch verwendet wird, die Zwei-Punkt-Methode. Sie wird auch oft als Zwei-Punkt-Methode bezeichnet. Das wäre vielleicht nur eine Kuriosität gewesen, so eine neue Methode der naturalistischen Medizin, aber nein, es war eigentlich ein Ausdruck und eine Manifestation der Erkenntnis der Quantengesetze, von denen der Schöpfer selbst, also Dr. Bartlett, wohl nichts wusste. Denn hier erschien zusammen mit der Zwei-Punkt-Methode das erste mentale Quantenwerkzeug der Welt. Wie kann man diese Erfahrung von Bartlett im Sinne der modernen Physik, der esoPhysik, beschreiben? Aus der Sicht der EsoPhysik führte Dr. Bartlett, indem er einen Finger auf einen kranken Punkt und einen anderen Finger auf einen anderen, bereits gesunden Punkt legte, eine Quantenverschränkung dieser Punkte durch, und als Ergebnis eines spontanen Quantensprungs wurden die Quantenzustände dieser Punkte gegeneinander ausgetauscht. Das heißt, der Zustand-Krankheit des kranken Punktes ging über in den Zustand-Gesundheit des ebenfalls kranken Punktes. Der kranke Punkt hat also die Gesundheit des gesunden Punktes übernommen. Dies ist der natürliche Quantenprozess zweier quantenverschränkter Entitäten, der den spontanen Austausch der Quantenzustände dieser Entitäten zwischen diesen Punkten beinhaltet. In der Quantenphysik sind beispielsweise zwei Elektronen aufgrund des Spins dieser Elektronen miteinander verschränkt (der Spin ist auch eine Art Funktion des Zustands eines Elementarteilchens). Wichtig ist, dass sich bei einem solchen Sprung die Gesamtquantenzahl des Prozesses nicht ändern kann. Im Beispiel mit den Elektronen: Wenn wir aufgrund ihrer Spins zwei Elektronen quantenverschränkt haben, und das eine hat einen Spin ($½$) und das andere einen Spin ($-½$) (in Einheiten der Planckschen Konstante), so ist der Gesamtspin des Systems aus zwei

Elektronen in diesem Fall ½ + (-½) = 0. Wie ich in der Quantenverschränkung geschrieben habe, gibt es einen spontanen Sprung, aber die Quantenzahl muss erhalten bleiben, so dass die Elektronen nach dem Sprung, ich betone in diesem Fall, Spinwerte miteinander austauschen müssen, so dass es eine erhaltene (-½) + ½ = 0 gibt.

Die Quantenverschränkung selbst ist auf eine Lokalität auf der unmessbaren Ebene zurückzuführen, und weil die Wellenphysik auf dieser Ebene gilt. Was bedeutet die Wellenphysik? Sie bedeutet nicht, dass Entitäten einmal Teilchen (Korpuskeln) und ein anderes Mal Wellen sind, wie es umgangssprachlich eher trivial bezeichnet wird. Es bedeutet nur, dass die Physik dieser Entitäten, Teilchen, Feldquanten, oder anders gesagt: wie sich diese Entitäten verhalten, Wellenphysik ist. Genauer gesagt, wenn wir die Schrödinger-Wellengleichung haben, dann ist die Lösung dieser Gleichung eben die komplexe Wellenfunktion, die die Physik des ganzen

Systems beschreibt. - Warten Sie, warten Sie, die Wellenfunktion beschreibt doch die Physik des gesamten Systems von Teilchen, nicht eines einzelnen Elektrons - werden Sie mir gleich sagen. Ich antworte sowohl mit Ja als auch mit Nein. Immerhin lässt sich diese Wellenfunktion des Gesamtsystems mit Hilfe der Fourier-Transformation in Teilfunktionen für jedes (wenn wir z.B. eine Anordnung von Elektronen haben) einzelne Elektron zerlegen. Und die Überlagerung aller Elektronen ergibt dann die ursprüngliche Zustandsfunktion. Und interessanterweise ist jede solche Zustandsfunktion für ein einzelnes Elektron auch eine Wellenfunktion. Dies lässt sich für jedes System beliebiger Teilchen durchführen. Es ist also leicht zu erkennen, dass jedes Elementarteilchen, und mehr noch: jeder Mensch, auf der ungemessenen Ebene Wellenphysik besitzt, obwohl er selbst keine Welle ist. Das gilt sogar für das Licht. Auch Licht ist eine Ansammlung von Teilchen, bestimmten masselosen Teilchen, Quanten des elektromagnetischen Feldes, den sogenannten Photonen. Nur ist die Physik des Lichts eine Wellenphysik. Licht wird insofern unterschieden, als die Physik der unmessbaren Ebene Wellenphysik ist und die Physik der messbaren Ebene Wellenphysik ist. So löst sich der Streit, der seit Youngs berühmtem Experiment mit der Streuung des Lichts an zwei Spaltöffnungen, das angeblich die Wellennatur des Lichts bestätigte, andauert, zugunsten der Anhänger Newtons, der Licht als eine Ansammlung von Korpuskeln (Teilchen) betrachtete. Licht ist also eine Ansammlung von Photonen, Teilchen, nur dass seine Physik Wellenphysik ist.

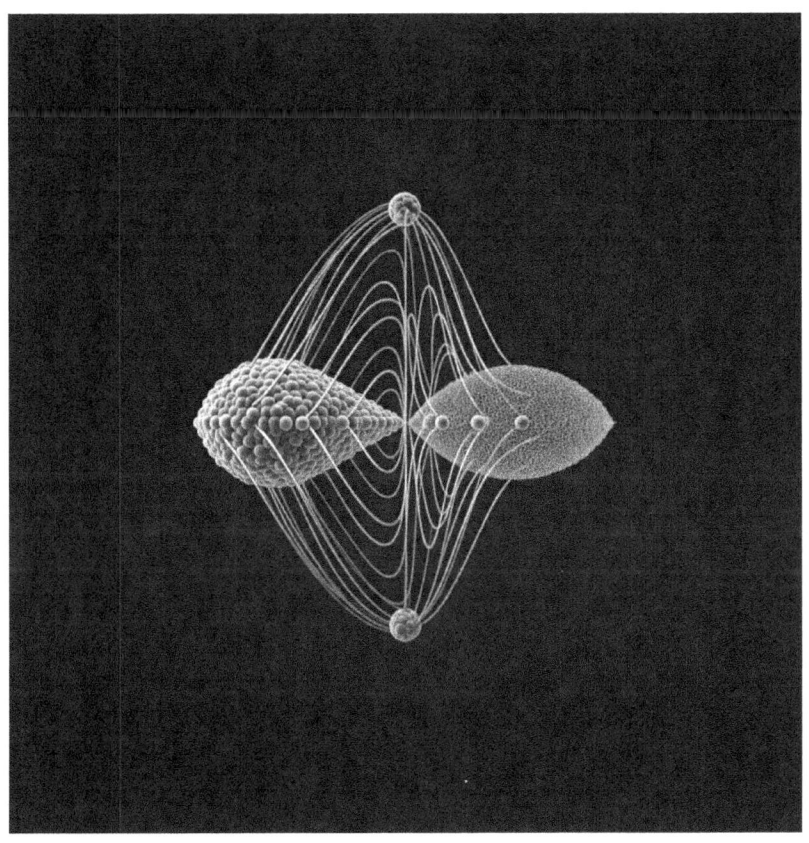

Licht ist, wie ich schon schrieb, eine Besonderheit, denn es ist masselos und erreicht daher die absolute Geschwindigkeit, die das Höchste ist, was Wesen auf der messbaren Ebene erreichen können. Dies ist eine enorme, aber dennoch endliche Geschwindigkeit "c". Im Bewusstsein einiger Physiker hält sich jedoch die ganze Zeit die Ansicht, dass es aufgrund der Tatsache, dass Licht angeblich eine Welle ist, richtig ist, Teilchen einmal als Teilchen und das andere Mal als Wellen zu behandeln, je nach der Erfahrung, an der diese Entitäten teilnehmen. Und darin besteht angeblich der Korpuskular-Wellen-Dualismus. Das ist eine irrige Position. Denn, wie ich schrieb, besteht dieser Korpuskular-Wellen-Dualismus darin, dass auf der unmessbaren Ebene die Entitäten (diese Teilchen) durch die Wellenphysik beschrieben werden, und auf der messbaren Ebene die Teilchen (diese Entitäten) durch die klassische Physik beschrieben werden.

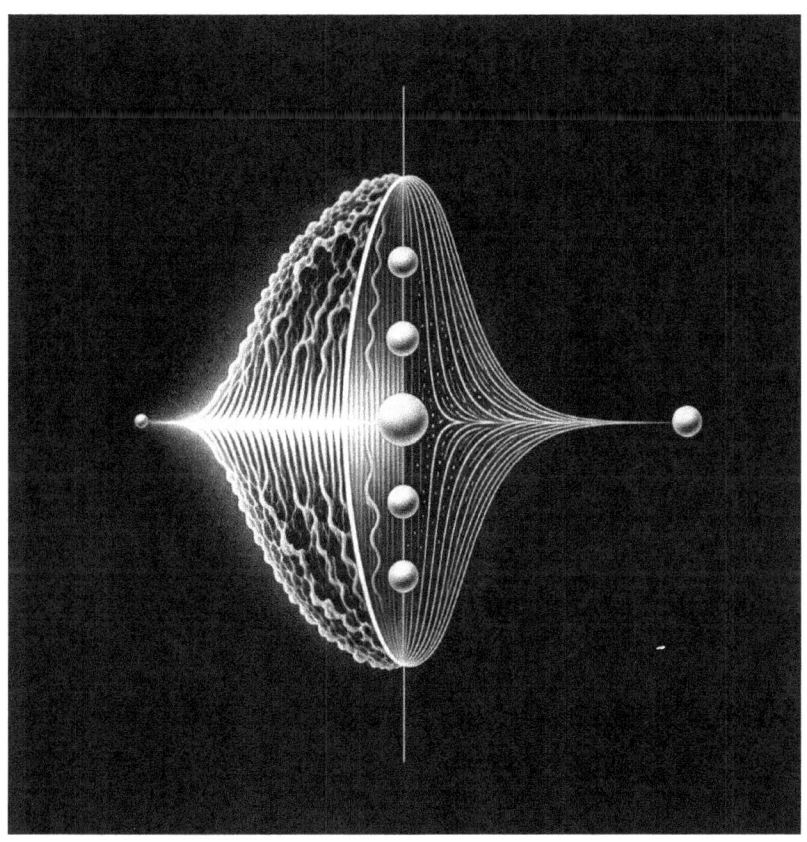

Zusammengefasst, aus diesen beiden Gründen. Lassen Sie mich daran erinnern, dass aus der Tatsache, dass die Ungemessene Ebene eine lokale ist, und aus der Tatsache, dass die Physik der Entitäten auf dieser Ebene Wellenphysik ist, und noch aus dem Prinzip der Erhaltung der Quantenzahlen ergibt sich ein sehr wichtiges Problem. Dieses Problem, dass bei der Quantenverschränkung von zwei Teilchen aufgrund ihrer Zustandsfunktionen spontane Quantensprünge auftreten müssen, ich betone, auftreten müssen, wenn diese Entitäten plötzlich und unerwartet ihre quantenverschränkten Zustandsfunktionen abwechselnd austauschen, müssen sie also austauschen. Ich möchte Sie daran erinnern, dass die Quantenverschränkung die Verschränkung zweier Entitäten (Teilchen) aus der messbaren Ebene aufgrund ihrer spezifischen Zustandsfunktionen (betonen wir die Quantenzustandsfunktionen) und die Übertragung dieser (dieser beiden Teilchen) in die nicht messbare Ebene ist, wo solche Quantenprozesse stattfinden (daher der Name: Quantenverschränkung), dass sie dazu führt, dass es auf der messbaren Ebene ständige Sprünge, spontane Sprünge, Quantensprünge zwischen diesen Teilchen gibt. Das heißt, Beobachter aus der messbaren Ebene beobachten solche Sprünge. Und das sind Sprünge dieser Zustandsfunktionen, dieser Zustandsfunktionen von Teilchen, relativ zu denen diese Teilchen quantenverschränkt sind.

Wir sprechen dann von der Kohärenz der Quantenverschränkung. Und dann laufen Prozesse auf der Nicht-Messbaren Ebene ab, deren Auswirkungen wir dann auf der Messbaren Ebene beobachten. Was sind die Vorgänge auf dieser nicht messbaren Ebene? Nun, man weiß nicht allzu viel, denn es gibt eine unüberwindbare Barriere zwischen diesen Ebenen, zwischen der unmessbaren Ebene und der messbaren Ebene. Wir Menschen aus Fleisch und Blut befinden uns auf dieser einen Grenze dieser Ebenen. Zumindest im irdischen Leben. Aus den mathematischen Formalismen der Quantenphysik können wir jedoch ableiten, was dort vor sich geht. Und das ist es, was Physik ist.

Wenn wir es mit Elektronen zu tun haben, die aufgrund ihrer Spins quantenverschränkt sind, dann ist die Situation wie folgt: Wir haben Zustandsfunktionen dieser Elektronen, die auf die Spins dieser Elektronen hinauslaufen; es gibt spontane Sprünge zwischen diesen Elektronen, aber die Gesamtquantenzahl muss dann immer erhalten bleiben; wenn also ein Elektron einen Spin (½) und ein anderes einen Spin (-½) hat, dann erfordert die Verschränkung zwischen diesen Elektronen einen abwechselnden Austausch, Sprünge, der Spins dieser Elektronen, so dass es einen erhaltenen Gesamtspin dieser Elektronen gibt, der "0" ist. Bezeichnenderweise sind im Fall der Elektronen und ihrer Spins diese Zustandsfunktionen (diese Spins) diskrete Funktionen, d. h. sie haben nur zwei Werte [½;-½], aber in der Tat kann Verschränkung zwischen Entitäten aufgrund kontinuierlicher Zustandsfunktionen auftreten. Und an dieser Stelle wird es noch viel interessanter. Und hier kommt der Bereich der mentalen Quantenwerkzeuge ins Spiel. Und warum? Betrachten wir einmal zwei Entitäten (Teilchen), die aufgrund ihrer kontinuierlichen Zustandsfunktionen quantenverschränkt sind. Eine Entität A hat eine Zustandsfunktion (W+) und die andere Entität B hat eine Zustandsfunktion (W-), und nun wollen wir eine Quantenverschränkung dieser beiden Entitäten durchführen. Nach der Theorie, die empirisch bestätigt wird, muss nach einiger Zeit ein Quantensprung zwischen A und B stattfinden, aber so, dass die Gesamtquantenzahl erhalten bleibt, die (W+) + (W-) = 0 ist (so haben wir es angenommen, ich betone, so haben wir es angenommen, aber das ist keine notwendige Bedingung), aber es gibt hier einen Trick, diese Zustandsfunktionen sind nicht diskret, sondern sind kontinuierlich. Und was wird nach dem ersten Sprung passieren? Hier wird B (W+) von A übernehmen, aber weil (W+) nicht diskret ist, wird es ein etwas kleinerer Wert von (W+)' sein, und dieser Wert wird etwas kleiner sein als (W+) und (W+)'<(W+), denn so muss A ein solches (W-)' übernehmen, dass (W-)'> (W-), denn (W+)' + (W-)' = 0. Nach "n" Sprüngen wird sich die Situation stabilisieren und die endgültige Funktion des Seinszustandes von A wird (W+)' sein und sie wird etwa gleich (W ½ +) sein, und der Punkt B wird adäquat die Funktion des

(W ½-) und es wird erfüllt sein, dass (W +½) + (W -½) = 0

Und? -fragen Sie.

Nun, es ist so, dass, wenn man es schafft, ein Problem, das einer kontinuierlichen Funktion (-) entspricht, mit der Lösung dieses Problems (+) quantenverschränkt. Man kann sofort sehen, dass dies auf einfache Weise dazu führt, diese Quantenverschränkung, das Problem (½-) während dieser, nennen wir es mal so, einen Sitzung der Quantenverschränkung zu halbieren. Und das sind alles Quantenprozesse, die dadurch zustande kommen, dass man auf der unmessbaren Ebene die Ursachen, die hinter, in diesem Fall, dem Problem stehen, verändert. Beachten Sie, dass dies auf jedes Problem zutrifft, und dass die so genutzte Quantenverschränkung die Quellursachen für eben dieses Problem verändert. Es ist also in der Tat ein wundersamer Stein der Weisen, der ohne physische Arbeit auf der messbaren Ebene die Quellursachen für dieses Problem so verändert, dass es kein Problem mehr gibt. Vielleicht nicht in der ersten Séance, denn dann können wir das Maximum des Problems um die Hälfte (½-) loswerden, aber nach einiger Zeit, sagen wir am nächsten Tag, können wir bereits (½-) die Hälfte des Problems quantenverschränken und wir werden eine maximale Reduzierung um die Hälfte dieser Hälfte des Problems (0,25-) erhalten. Und so kann man in einer bestimmten Folge von Séancen das ganze Problem loswerden. Entsprechend der Reihenfolge: ½;¼;1/8;1/16;1/32;1/64;usw. Erstaunlich!!!

Nur, ist das sinnvoll? Wie lässt sich das bewerkstelligen?

Nun, sie hat es getan, und wir, jeder Mensch, der mit dem Freien Willen ausgestattet ist, kann es tun. Der Ausdruck des freien Willens des Menschen auf der messbaren Ebene ist die Arbeit, die auf dieser Ebene getan wird. Und was bedeutet es, dass wir Arbeit tun können? Es bedeutet, dass wir mit diesem Freien Willen elementare Kräfte zusammenstellen können. Aber um die Elementarkräfte umzuordnen, muss man auch Kraft anwenden. Diese Kraft ist also der Freie Wille des Menschen. Aber, wie ich geschrieben habe, hat das Absolute uns Menschen eine solche Eigenschaft gegeben, dass wir den Freien Willen auch auf der ungemessenen Ebene einsetzen können. Wie man das macht, werde ich gleich beschreiben. Lassen Sie uns nun zu einer kleinen Zusammenfassung kommen. Der Freie Wille ist eine zusätzliche Elementarkraft, eine Seite der bekannten vier Hauptkräfte (Gravitation, starke und schwache Kernkraft und elektromagnetische Kraft). Diese Kraft, diese kausale Ursache, kann sowohl auf der messbaren Ebene als auch auf der nicht messbaren Ebene wirken. Auf der messbaren Ebene verrichten wir dank des freien Willens die betreffende Arbeit, um bestimmte Wirkungen zu erzielen. Wie nutzen wir also den Freien Willen in uns, um bestimmte Wirkungen auf der nicht messbaren Ebene zu erzielen? Die Antwort ist einfach: Wir müssen unsere Aufmerksamkeit geschickt fokussieren und zwei Zustandsfunktionen so verschränken, dass sie zuerst "eingerichtet" werden, so dass das

Ergebnis dieser Quantenverschränkung darin besteht, die interessierenden Ursachen der nicht messbaren Ebene so zu verändern, dass sie die gewünschte Wirkung auf der messbaren Ebene hervorrufen. Es stellt sich heraus, dass solche Aktionen möglich sind. In der Vergangenheit nannte man das Magie. Heute ist Physik, oder besser gesagt esoPhysics, Magie. Ich höre schon die Stimmen der Empörung und des Widerstands. Diese Worte: - Erfinde das nicht, das sind deine Konfabulationen. Ich antworte: - in dem, was ich schreibe und was ich in esoPhysics aufgenommen habe, steckt kein Fünkchen Unwahrheit. War es nicht Murray Gall Man selbst, der sagte: in der Quantenphysik sind alle Handlungen erlaubt, die nicht gegen die Quantengesetze verstoßen?

Der Ausdruck der Nutzung des freien menschlichen Willens als elementare Kraft und kausale Ursache und die Nutzung der Quantenverschränkung sind die mentalen Quantenwerkzeuge, die ich formuliert und entwickelt habe, wie der Stein der Weisen-

Algorithmus und die direkt daraus resultierende kognitive Prothese. Ich widme diese Werkzeuge Sir Isaac Newton. Und wie sie "aussehen" und woraus sie bestehen, werde ich in Kürze beschreiben. Doch zuvor möchte ich noch einmal auf das Beispiel der Resonanz heilender Musik auf einen Menschen zurückkommen. Lassen Sie mich daran erinnern, was ich bereits in diesem Buch beschrieben habe: Wir machen eine Quantenverschränkung von einigen unserer Probleme (meistens eine Krankheit) mit einem angemessenen, mit geeigneten Obertönen versehenen Musik- oder Lichtsignal. Halten wir zunächst fest, dass sowohl Schall als auch Licht Wellenphysik besitzen, so dass sie sich natürlich für eine Quantenverschränkung eignen. Beachten wir, dass in diesem Fall die Zustandsfunktion der Lösung des Problems ihren Wert nicht verliert und ihn die ganze Zeit hat, nach jedem Quantensprung derselbe ist, so dass das Problem selbst bereits für die erste Sitzung einer solchen Verschränkung erheblich reduziert wird, zumindest theoretisch, so viel wie (1/n-). Wie hoch dieser Faktor von 1/n sein wird, ist schon theoretisch schwer zu bestimmen, aber praktisch lässt er sich ermitteln. Er hängt vom "Problem" ab, vom Inhalt und der Qualität der Obertöne in diesem Signal und von der Dauer des Aufenthaltes in einer solchen Resonanz. Um zu den mentalen Quantenwerkzeugen zurückzukehren, kann man sagen, dass mein Vorschlag, meine Quantenwerkzeuge, einschließlich des Algorithmus des Steins der Weisen und der kognitiven Prothese, zum heutigen Zeitpunkt die besten und perfektesten Werkzeuge sind, es ist die Spitze der Spitze, es ist wahrscheinlich das perfekteste Werkzeug, das in der Geschichte der Menschheit erfunden wurde, ein Werkzeug, das, so wie Kieselsteine früher der Stellvertreter der Menschheit waren, so sind mentale Quantenwerkzeuge der Stellvertreter der neuen Spezies Homo Sapiens Quantum. Diejenigen, die einmal Quantenwerkzeuge, mentale Quantenwerkzeuge, ausprobieren, werden sie wahrscheinlich für den Rest ihres Lebens benutzen. Sie erlauben es, die kausalen und absichtlichen Ursachen hinter gegebenen Wirkungen, hinter gegebenen Problemen, die sich auf unserer messbaren Ebene in unserer Realität, in unserem Leben auf der Erde, auf unserer Ebene der Materie manifestieren, zu verändern. Sie erlauben uns, die Realität zu modellieren, sie erlauben uns, Probleme radikal zu verändern. Alles, was wir tun müssen, ist, die Quantenwerkzeuge oder Quantengesetze, die Quantenverschränkung, zu nutzen und ein Problem, ein gegebenes Problem, mit der Lösung dieses Problems geschickt zu verschränken. Ich wiederhole: Es geht nicht um das Problem selbst, sondern um die kausalen und intentionalen Ursachen, die auf der nicht messbaren Ebene hinter diesen Problemen stehen und die dann genau diese Probleme auf der messbaren Ebene zur Folge haben. Dies ist wahrscheinlich eine größere Errungenschaft als die Erfindung des Elektromagnetismus, weil der Mensch in diesem wissenschaftlichen Sinne über seinen eigenen freien Willen als elementare

Kraft, als kausale Ursache, verfügen kann, und er kann diesen freien Willen auf der messbaren Ebene einsetzen, um die zugrunde liegenden kausalen und absichtlichen Ursachen auf der nicht messbaren Ebene zu korrigieren. Kommen wir nun zum mentalen Quantenwerkzeug selbst, in diesem Fall dem Stein der Weisen. Wir müssen die elementare Kraft, die unser Wille ist, bis zum Maximum nutzen. Wir wählen als Entität, als einen Punkt, einen Finger, unserer, sagen wir, rechten Hand diesen Punkt, der mit dem Problem identifiziert wird. Wir können das tun, weil es der freie Wille ist, der uns erlaubt, die Realität auf diese Weise zu erschaffen. Wir haben also Punkt Nr. 1 gewählt, das ist der Daumen der rechten Hand, das ist der Punkt, der mit dem Minus verbunden ist. Diesem Punkt ordnen wir ein bestimmtes Problem zu, ein spezifisches, ein bestimmtes Problem. Mit unserem freien Willen platzieren wir diesen Punkt mit diesem Problem auf der messbaren und nicht messbaren Ebene, dann wählen wir den Daumen in unserer linken Hand als den mit

Plus assoziierten Punkt, als den von mir, von uns gewünschten Zustand. Diesem Punkt werden wir mit unserem freien Willen die Lösung dieses Problems aus dem ersten Punkt zuordnen, natürlich, wie Sie wissen, geht es hier nicht darum, eine Lösung des Problems auf irgendeine wundersame Weise zu bekommen, sondern nur darum, die kausalen und absichtlichen Ursachen hinter dem Problem so zu beeinflussen, dass sie zu unseren Gunsten verändert werden, so dass das Problem gelöst wird. Wir werden diesem Punkt Nummer zwei eben diese Lösung für dieses Problem zuschreiben, und wir platzieren diesen Punkt Nummer zwei auch auf der nicht messbaren Ebene. Und nun kommen wir zum Clou dieses ganzen Prozesses, nämlich dass wir mit unserem freien Willen - wir sagen es und wir beschwören es in unserem Geist - nun eine Quantenverschränkung von Punkt Nummer eins mit Punkt Nummer zwei herstellen. Wir platzieren diese Quantenverschränkung heilig in den Raum unseres Herzens, wo diese

Verschränkung die Kohärenz dieser Quantenverschränkung dauerhaft aufrechterhalten wird, das heißt, die ganze Zeit werden die Prozesse auf einer unmessbaren Ebene auch ohne unser Bewusstsein ablaufen, denn diese Prozesse hängen in keiner Weise vom Bewusstsein ab, es sind quantenphysikalische Prozesse, sie hängen in keiner Weise vom Bewusstsein ab. Es wurde eine Verschränkung hergestellt, und diese Verschränkung wird nun auf einem unmessbaren Niveau fortbestehen und die ganze Zeit quantenphysikalisch funktionieren. In diesem Zustand können wir Dutzende von Minuten verharren, de facto kann man den ganzen Vorgang sogar mit einer Art Meditation vergleichen, denn wir beschränken uns dann tatsächlich auf die Achtsamkeit, auf die Beobachtung des eigenen Körpers, auf die Beobachtung des eigenen Atems, auf die Wahrnehmung des eigenen Atems. Und so machen wir weiter. Irgendwann bekommen wir vielleicht nach einiger Zeit klare Signale vom

Körper, so etwas wie Gähnen, Zittern, Schütteln, Spasmen des Körpers, und das ist die Information, dass dieser Prozess abgeschlossen werden sollte. Wir machen das so, dass wir beschwören, dass wir durch die Kraft unseres freien Willens jetzt eine Dekohärenz der Quantenverschränkung zwischen Punkt 1 und Punkt 2 durchführen, und wenn wir dabei negative Energie abgeben, die uns oder anderen Menschen schaden könnte, erden wir diese Energie. Warum das wichtig ist, ist diese Energie zu erden, denn wenn wir im Laufe von Quantenprozessen etwas heilen, dann sind de facto auch andere Quantenzahlen betroffen, und da es einen allgemeinen Quantenerhaltungssatz gibt, wenn es sich irgendwo verbessert, muss es sich irgendwo verschlechtern, und das ist die negative Energie, die irgendwo herausfließen kann. Mit einem Wort, wir Verschränkungsschöpfer können anfangen, uns selbst und anderen Menschen zu schaden. Das ist negativ, also lohnt es sich, solche Energie schon prophylaktisch zu erden, zu unserer eigenen Sicherheit und zur Sicherheit der Menschen um uns herum. Das klingt jetzt vielleicht ein bisschen nach Hexerei, aber das haben Hellseher jahrhundertelang auch gemacht, dass sie sich gereinigt haben. Wie ich selbst schreibe, ist Magie im Übrigen eine intuitive Anwendung der Quantengesetze, und sie haben einfach prophylaktisch all die negativen Energien geerdet, die bei den Quantenprozessen, die sie durchführten, freigesetzt wurden. Das hat eine tiefe Berechtigung gerade auf der Basis von Quantum, auf der Basis des Verhaltens von Quantenzahlen. Wie Sie also sehen, hat die Anwendung der Quantenverschränkung, das Setzen von Zustandsfunktionen verschränkter williger Entitäten eine magische Konnotation, sie ähnelt eher der Magie, so dass daraus folgt, dass auf diese Weise Physik und praktische Anwendung eine magische, esoterische Konnotation hat. Man kann auch sehen, dass damit Newtons Traum, die Physik der Magie anzunähern, erfüllt wurde. Newton entwickelte in seiner Jugend die mathematischen

Formalismen der klassischen Physik, die Newtonsche Dynamik, und wollte dann in späteren Jahren auf so magische Weise der Natur die Geheimnisse dieser Welt entlocken. Das ist ihm aus naheliegenden Gründen nicht gelungen. Das bedeutet nun, dass die ezoPhysics und ihre praktische Anwendung eine bedeutende Verbeugung vor Newton sind, vor jenen Alchemisten des 18.

Ich bin der Schöpfer der mentalen Quantenwerkzeuge, wie dem Stein der Weisen Algorithmus und allen anderen Werkzeugen, die sich aus eben diesem Algorithmus ergeben. Diese sind: Kognitive Prothese oder Lebenselixier und andere, aber diese sind einfach detaillierte und selektivere Anwendungen dieses Stein der Weisen Algorithmus. Konzentrieren wir uns auf den Stein der Weisen-Algorithmus selbst, um zu versuchen, das Wesen seiner Funktionsweise in der Tiefe zu verstehen. Die Quelle dieses Quantenwerkzeugs ist die "Heilung" und Lösung der Probleme, die uns im Leben begegnen. Ob es sich nun um gesundheitliche, emotionale, soziale, psychologische oder andere Probleme handelt. Es gilt für alle Probleme im Allgemeinen. Bei diesem Werkzeug stellen wir das Problem und die Lösung des Problems so auf, dass wir mit Hilfe der Quantenverschränkung zu den ursächlichen und zielgerichteten Ursachen dieser Probleme gelangen und sie wirksam verändern können. Dies geschieht durch das Screening des Stein der Weisen Algorithmus.

Algorithmus "Stein der Weisen" - Ordnungsgemäßes Verfahren

Wie ich in dem Verfahren Algorithmus Philosopher's Stone erwähnt konvergiert die Anwendung mehrerer Quantengesetze. Erstens nutzen wir unseren freien Willen, und er wird ausgiebig genutzt. Als elementare Kraft, die eingesetzt wird, um die beiden Punkte zu schaffen, die wir letztendlich quantenverschränken werden, um die Zustandsfunktionen für diese Punkte zu bestimmen und festzulegen, durch die wir die Verschränkung durchführen werden, und um die einzelne Séance selbst durchzuführen. Das Wichtigste bei all dem ist sicherlich der Akt der Quantenverschränkung selbst, den wir auch dadurch vollziehen, dass wir (in Gedanken oder verbal) unseren freien Willen zum Ausdruck bringen. Schließlich bringen wir auch den Akt der Auflösung dieser Quantenverschränkung (den Akt der Dekohärenz) in Gedanken oder verbal zum Ausdruck. Wir sorgen mit unserem Freien Willen auch dafür, dass all der Müll, der in den Quantenprozessen, die diese Séance begleiten, auftaucht, in den "Müll" verdaut, d.h. buchstäblich geerdet wird. Das alles ist sehr wichtig, denn Sie müssen während dieses Vorgangs eine Art Gesundheits- und Sicherheitshygiene aufrechterhalten. Sowohl für Ihre Sicherheit als auch für die Sicherheit anderer Menschen. Nach den Quantengesetzen müssen die Quantenzahlen erhalten bleiben. Wenn wir also etwas quantenmäßig "reparieren", ändern sich die entsprechenden Quantenzahlen, aber da Quantenzahlen unveränderlich sind, wird irgendwo ein anderes

"Problem" auftauchen, wenn wir den "Schmutz" nicht auf die richtige Weise beseitigen. Wenn Sie das vergessen, sind Ihre Bemühungen umsonst, denn die Natur wird das Ihre fordern. Es kann sogar sein, dass Sie zum Beispiel von einer Krankheit geheilt werden, aber unmittelbar danach wird ein anderes, ebenso lästiges oder noch schlimmeres Leiden die Kontrolle über Ihren Körper übernehmen. Zum Glück ist die Erde mächtig, die Erde wird viel aushalten, also erdet all den Schmutz, die schmutzigen Energien ruhig. Ich weiß das in gewisser Weise aus eigener Erfahrung, denn als Vorreiter dieser Methode habe ich das selbst durchgemacht. Und ich erinnere mich schmerzlich daran. Zum Glück haben mir spätere Modellierungen von Esoterikern, die mit Pendeln arbeiten, geholfen, der Sache auf den Grund zu gehen. Es ist übrigens ein altes und intuitives Gesetz der Magie, dass man sich beim "Beschwören" sorgfältig reinigen (erden) sollte. Wie ich bereits erwähnt habe, erfolgt die Quantenverschränkung zwischen zwei bestimmten Entitäten aufgrund der Eigenschaft, die verschränkt wird. Das heißt, mit Hilfe von Quantenwerkzeugen müssen solche Entitäten erschaffen, geschaffen werden. Dies kann geistig geschehen, und der empirische Beweis dafür ist, dass die Menschen, die diese Quantenwerkzeuge anwenden, dies gewöhnlich tun. Das ist der Fall bei der Zwei-Punkte-Methode, das ist auch der Fall beim Stein der Weisen Algorithmus. Und, wie Sie wissen, sind empirische Beweise in der Physik (esoPhysics) schlüssig. Im Allgemeinen wird das, was ich in meinen Veröffentlichungen und auch in dieser Publikation schreibe, empirisch bestätigt, und zwar nicht nur durch meine persönliche Praxis, sondern auch durch die Praxis der Entwickler dieser Methoden in vielen europäischen Ländern und in den USA, und in der ganzen Welt. Sie haben also, diese Thesen, fast wissenschaftliche Bestätigung. Ich schreibe "fast", weil der offizielle Mainstream der Wissenschaft sich auf die Interpretation einstufiger Quantitäten und ein typisch materialistisches und atheistisches Paradigma versteift, und diese Wissenschaft erkennt ähnliche Inhalte nicht wirklich an. Wie ich bereits erwähnt habe, führt eine solche Wissenschaft jedoch zu Widersprüchen und zahlreichen Paradoxien, woran man sich erinnern sollte. Und nur die Theistische Interpretation des Quantums, auf der alle diese Thesen, die ich in dieser Publikation aufstelle, beruhen, führt nicht zu Widersprüchen. Wie Sie sehen können, werden diese Thesen auch empirisch bestätigt. Aber, wie Sie wissen, gibt es viele Dinge in der Wissenschaft, die empirisch bestätigt sind, aber der offizielle Mainstream der Wissenschaft akzeptiert dies nicht. Um kein Lippenbekenntnis zu sein, möchte ich das Beispiel der Radiästhesie anführen, die trotz der überwältigenden empirischen Beweise von der Wissenschaft beharrlich ignoriert wird.

Bei der mentalen Erschaffung der Entitäten, die wir quantenverschränken wollen, nutzen wir die schöpferische Kraft unseres Freien Willens. Wenn wir also bereits zwei konkrete Entitäten haben, müssen wir mit unserem Freien Willen noch Zustandsfunktionen (ebenfalls mit dem Freien Willen) für die erste Entität, die das Problem repräsentiert, und für die zweite Entität eine Funktion, die die Lösung des Problems repräsentiert, in angemessener Weise bestimmen und schaffen. Man beachte, dass in einem solchen Fall (Problem)+(Lösung des Problems) =0 ist, d.h. die Hauptquantenzahl für diese Quantenverschränkung wird Null (0) sein, was für den gesamten physikalischen Prozess entscheidend ist, weil dieser Wert trotz zahlreicher möglicher Quantensprünge erhalten bleiben muss.

Ich werde nun das Schema des Stein der Weisen Algorithmus ausführlich beschreiben: Setzen Sie sich irgendwo in eine bequeme Haltung oder legen Sie sich auf den Rücken. Versuchen Sie, Ihre Familie zu zwingen, Sie während dieser Zeit (ein paar Dutzend Minuten) nicht zu stören. Sie können sich von ruhiger Entspannungsmusik (Chillout-Musik) im Hintergrund begleiten lassen.

[Beschwören (verzaubern?) in Gedanken oder flüsternd].

...Ich schäle den Punkt Nr. 1 ab, das ist der Punkt, der mit meinem rechten Daumen verbunden ist, das ist der Punkt, der mit (-) verbunden ist, das ist der aktuelle Zustand, der existiert.

Durch die Kraft Meines freien Willens aus Meiner Transzendenz....

...Ich weise dem Punkt Nr.1 eine Zustandsfunktion zu, die definiert und ausdrückt ...

(und hier weben Sie Ihr Problem ein, Ihre seelische oder körperliche Krankheit oder irgendein anderes Lebensproblem)

    ...??

    ...

... Durch die Kraft meines freien Willens aus meiner Transzendenz lege ich den Gegenstand Nr. 1 auf die messbare Ebene und die nicht messbare Ebene....

[Dies ist der erste Schritt des Algorithmus].

Ein weiterer zweiter Schritt des Algorithmus:

[Beschwörung].

...Ich schäle Punkt Nr. 2 ab, das ist der Punkt, der mit meinem linken Daumen verbunden ist, das ist der Punkt, der mit (+) verbunden ist, das ist der Zustand, den ich mir wünsche.

Durch die Kraft Meines freien Willens aus Meiner Transzendenz weise Ich der Funktion des Zustandes, der durch den Punkt in der göttlichen Matrix (Akasha-Chronik) der Energie (Heilung) bestimmt wird, punktuell die Nr. 2 zu, was bedeutet....

???

...

[Beschwörung].

... dieser von mir gewählte Punkt in dieser göttlichen Energiematrix (Akasha-Chronik) bestimmt die Lösung (+) dieses Problems (von Punkt Nr.1), bestimmt die Funktion des Zustandes, den ich durch die Kraft meines freien Willens dem Punkt Nr.2 zuweise.

Durch die Kraft meines freien Willens platziere ich den Punkt Nr. 2 auf der messbaren und der nicht messbaren Ebene....

[Dies war der zweite Schritt des Algorithmus].

Der nächste, dritte, Schritt des Algorithmus:

[Beschwörung].

... Durch die Kraft meines freien Willens mache ich jetzt eine Quantenverschränkung von Punkt Nr. 1 mit Punkt Nr. 2 aufgrund der Zustandsfunktionen dieser Punkte.

Durch die Kraft Meines freien Willens platziere Ich solche quantenverschränkten Punkte Nr. 1 und Nr. 2 im Heiligen Raum Meines Herzens im Feld Meines Herzens....

...lasse dort, bei jederzeit erhaltener Kohärenz dieser Quantenverschränkung, permanente und positive Quantenprozesse für mich ablaufen, die mit der Intention dieser Verschränkung übereinstimmen. Wenn dort zusätzlich negative Energie abgesondert wird, die mir oder anderen schaden könnte, erde ich sie durch die Kraft meines freien Willens auf eine sichere Weise....

(Es folgt eine Phase des passiven Abwartens, die recht lange dauern kann. Wenn es jedoch zu einem plötzlichen Durchbruch kommt, der als eine Art Krampf, Zittern, Vibration, übermäßiges Gähnen oder andere eindeutige Körpersignale wahrgenommen wird, beenden wir diese Phase und gehen direkt zum letzten Schritt des Algorithmus über).

Der letzte Schritt des Algorithmus:

[Beschwörung].

...Durch die Kraft meines freien Willens führe ich jetzt eine Dekohärenz (Auflösung) der Quantenverschränkung zwischen den Punkten Nr. 1 und Nr. 2 durch

Wenn ich dabei zusätzliche negative Energie ausstrahle, die mir oder anderen schaden könnte, dann erde ich sie durch die Kraft meines freien Willens.

(Nach Beendigung des Algorithmus schütteln Sie Ihre Hände in Richtung Boden und klatschen zum Abschluss der Sitzung).

Wie in diesem Diagramm zu sehen ist, schält man als Entitäten, die der

Quantenverschränkung unterliegen, einen beliebigen Finger der linken und der rechten Hand, meistens werden es die Daumen sein, und setzt (formuliert) dann Zustandsfunktionen für diese Punkte. Der Stein der Weisen-Algorithmus, der auf diese Weise konstruiert wurde, erlaubt viel mehr als ein selektives, d.h. ein Zwei-Punkt-Problem zu bearbeiten. In der Praxis kann der Rahmen eines solchen Philosopher's Stone Algorithmus sehr komplex sein und viele Probleme auf einmal abdecken. Dies ist ein Ausdruck dieses Multitaskings auf der nicht messbaren Ebene, auf das ich bereits mehrfach hingewiesen habe und auf dem unter anderem das Funktionsprinzip des technischen Quantenwerkzeugs, des Quantencomputers, beruht. Danach braucht man nur noch die ebenso komplexe Zustandsfunktion zur Lösung des Problems einzustellen und schon kann man eine wirksame Behandlung durchführen. Ich werde in Kürze anhand von Beispielen zeigen, wie das geht und was ich meine, aber Sie, lieber Leser, haben wahrscheinlich schon erraten, worum es geht. Ich verwende oft sehr lange Einstellungen des Algorithmus. Damit er richtig wirksam ist, braucht man natürlich mehr Zeit für das Screening selbst. Es ist aber vergleichbar mit einer solchen anständigen täglichen Meditation. Der Stein der Weisen-Algorithmus ist jedoch etwas viel Wertvolleres als eine gewöhnliche passive Meditation. Er ist aktiv, er ist wirksam, er ermöglicht es Ihnen, die Realität und die Gesundheit zu modellieren. Meditation beruhigt lediglich die Nerven und die Arbeit des zentralen Nervensystems. Ja, ich stimme zu, Meditation ist sehr wertvoll, und ich empfehle sie jedem, aber der Stein der Weisen, der Algorithmus, ist noch viel wertvoller, er ermöglicht es Ihnen, aktiv zu sein, die Modellierung der Realität zu beeinflussen. Er ist einfach ein Quantenwerkzeug. Bei der Erarbeitung der theoretischen Grundlage der Zwei-Punkte-Methode in Amerika wurde festgestellt, dass der Zwei-Punkt viel effektiver ist, wenn er sich im Herzfeld "befindet". Dies wurde von Dr. Kinslow entdeckt, der zusammen mit dem Schöpfer der Zwei-Punkte-Methode, Dr. Bartlett, einer der Wegbereiter war. Es stellt sich heraus, dass dies auch für den Stein der Weisen Algorithmus gilt, und zwar aufgrund der

Tatsache, dass es im Herzfeld am einfachsten und stabilsten ist, Quantenverschränkungskohärenz zu erreichen und aufrechtzuerhalten. Das heißt, es ist das Quantenwerkzeug, das auf der unmessbaren Ebene quantenmäßig "funktioniert". Umgekehrt wird bei Dekohärenz das Quantenwerkzeug aus der nicht messbaren Ebene "herausgeschleudert" und funktioniert nicht quantenmäßig. Das ist die Macht der Quantenwerkzeuge, dass sie Veränderungen in den Ursachen der Quelle auf der nicht messbaren Ebene bewirken. Was sich letztendlich in den gewünschten Wirkungen auf der messbaren Ebene manifestiert. Dies ist ein reales Phänomen, es ist so, als ob man einem großen 3D-Drucker am Eingang ein Bild der erwarteten Sache gibt und so ganz "ohne sich die Hände schmutzig zu machen" am Ausgang genau dieses Produkt erhält. Die einzige Bedingung ist im Falle dieser Tools, dass die Quantenzahlen erhalten bleiben müssen.

Es muss hier ehrlich zugegeben werden, dass einige von dieser fast unverhohlenen Bezugnahme auf die Magie abgeschreckt sein könnten. Aber sagen wir es offen, alle

Aktivitäten, die den freien Willen als elementare Kraft, als kausale Ursache verwenden, werden ein Problem damit haben. Das war bisher nicht der Fall, mit Ausnahme der Magie, daher diese Assoziationen. Vielleicht ist es in der Wissenschaft Zeit für einen weiteren kopernikanischen Coup. Wenn wir mit dem Einsatz mentaler Quantenwerkzeuge eine neue Ära begonnen haben, die Ära des Quantenmenschen, dann sollte auch die Wissenschaft dadurch reformiert werden.

Da es sich hier um einen Artikel handelt, der sich hauptsächlich mit Quantenpsychologie befasst, beschränken wir uns hier in erster Linie auf den Cognitive Protector, einen Klon des Stein der Weisen-Algorithmus, der sich darauf beschränkt, den Geist in Form zu bringen und Gesundheit im weitesten Sinne zu erlangen.

Formal unterscheidet sich die kognitive Prothese nicht vom Stein der Weisen Algorithmus, außer in der "Einstellung" des Problems und der Lösung dieses Problems. Es ist dieses "Setting" des Problems und die Lösung des Problems, die die kognitive Prothese einzigartig macht. Dieses

"Setting" ist eine andere Art, das Problem zu formulieren und die Lösung des Problems zu formulieren. Sie macht sich dieses Multitasking zunutze, und man kann ein solches verallgemeinertes Problem auf eine wirklich multithreadingfähige Weise beschreiben. Dies werde ich später anhand von Beispielen darstellen. Ich persönlich "setze" eine solche kognitive Prothese manchmal sogar mehr als eine halbe Stunde. Das ist kein Scherz. Tatsächlich funktioniert dieses berühmt-berüchtigte Multitasking und eine solche Prothese oder ein solcher Algorithmus arbeitet im Allgemeinen an vielen Dingen (Teilproblemen) gleichzeitig, so wie ein Quantenprozessor arbeitet. Allerdings muss man immer daran denken, und das sage ich aus reiner Empirie (aus meiner eigenen Empirie), sich immer sorgfältig von unerwünschten Energien zu erden, die immer irgendwo "herausfließen" können, was für den Anwender solcher mentalen Quantenwerkzeuge sogar gefährlich sein kann. Und um nicht vom Regen in die Traufe zu kommen, sollte man sich immer davor hüten, auch wenn es eine solche Séance selbst verlängern würde. Denken Sie auch daran, dass eine ganze Reihe von Séancen durchgeführt werden sollte, damit die mentalen Werkzeuge so wirksam wie möglich sind, und nicht nur eine wie bei der Zwei-Punkte-Methode. Die Zwei-Punkte-Methode ist lediglich ein unvollkommener Prototyp für die von mir formulierten mentalen Quantenwerkzeuge, woraus sich ihre vielen Unzulänglichkeiten und theoretischen Lücken ergeben. Aber denken Sie natürlich immer daran, dass es ohne die Zwei-Punkte-Methode meine mentalen Quantenwerkzeuge nicht gäbe. Es ist mir rätselhaft, dass die Zweipunktmethode fast ein ganzes Jahrhundert nach der Entdeckung und Formulierung der Quantenmechanik entdeckt wurde, und dass diese Zweipunktmethode ganz zufällig entdeckt wurde. Wahrscheinlich hätte niemand dieser Tatsache Beachtung geschenkt, wenn sich nicht die Zweipunktmethode selbst als recht effektiv erwiesen hätte und sie zumindest in Europa in Mode gekommen wäre. Auch ich bin ganz zufällig auf diese Zwei-Punkte-Methode gestoßen und habe sie anfangs sogar ignoriert und als Erfindung und

Hirngespinst abgetan. Später jedoch wurde mir in einer Art Geistesblitz klar, wie wertvoll diese Entdeckung war. Auf der Grundlage dieser Zwei-Punkte-Methode entwickelte ich eine ganze esoPhysik und mentale Quantenwerkzeuge aus meiner eigenen Feder. Mental Quantum Tools ist ein Ausdruck der praktischen Anwendung von esoPhysics. Nach der Lektüre meiner Bücher wie z.B.: "Cognitive Prosthesis", "Quantum Conditioning of the Mind", "Four Pillars" und andere, kann sich jeder aktiv mit der Modellierung der eigenen Realität, der eigenen geistigen und körperlichen Gesundheit, der eigenen mentalen Verfassung beschäftigen. Für viele Probleme dieser Sphäre gab es bisher einfach keine wirksame "Heilung". Ich meine, kommen Sie zurück, die Menschen haben da immer etwas entdeckt, sie hatten immer irgendwelche Heilmittel für Probleme, aber es gab kein so gutes, so wirksames Heilmittel für Probleme. Erst die mentalen Quantum-Tools ermöglichen es, vielleicht zum ersten Mal, sich Problemen zu stellen, die bisher praktisch "unheilbar" waren und oft Futter für primitive heidnische Praktiken boten, solche

Fälle als Opfer für die grausamen "Götzen" der Natur zu behandeln. Leider gibt es auch im 21. Jahrhundert noch Menschen, die solche heidnischen Bräuche pflegen, und diese Menschen sind, welch ein Graus, völlig ungestraft. Dank der mentalen Quantum Tools haben die Menschen nun aber zumindest einen minimalen Schutz vor solchen heidnischen Übergriffen.

6. praktische Anwendung der mentalen Quantum Tools

Im praktischen Teil werde ich mich darauf konzentrieren, wie man "Einstellungen" von mentalen Quantum Tools konstruiert. Wie zum Beispiel der Stein der Weisen Algorithmus und sein Klon, die kognitive Prothese. Ich gebe zu, dass ich mich hier zum Teil auf die Bücher beziehen werde, die ich bereits geschrieben habe. Ob ein gegebener Algorithmus oder eine Prothese in diesem speziellen Fall auf der nicht messbaren Ebene gut oder schlechter funktioniert, hängt, zumindest aus meiner Praxis heraus, davon ab, ob wir die Einstellung dieses Werkzeugs mit ausreichender Präzision vornehmen, mit einem Wort, ob wir uns in die Essenz des gegebenen Problems verbissen haben. Betrachten wir einmal ein solches Problem: Ich habe Diabetes. Es scheint, dass die natürliche Lösung des Problems hier lauten würde: Ich habe keinen Diabetes.

Nun, diese Einstellung des Algorithmus ist möglicherweise nicht ausreichend. Es wäre notwendig, das Problem zu präzisieren. Zum Beispiel: Ich leide an Insulinresistenz oder habe zerstörte Inseln des Langen Hans, außerdem bin ich fettleibig, habe Atherosklerose und habe Symptome einer psychosomatischen Erkrankung. In diesem Fall hingegen würde die Lösung der Krankheit lauten: Ich leide nicht an Insulinresistenz oder habe gesunde Inselchen des Langen Hans, nicht zerstört, revitalisiert, mein Gewicht normalisiert sich, die Atherosklerose verschwindet und ich leide nicht an psychosomatischen Krankheiten. Ich fühle mich großartig, mein Blutzucker ist normal. In diesem Fall wird das mentale Quantenwerkzeug tiefer in die Ursachen des Problems eindringen und diese Ursachen in der gewünschten Weise verändern. Eine solche Einstellung des Stein der Weisen Algorithmus wird effektiver sein als eine so einfache Formel, dass: Ich habe Diabetes, und dass: Ich habe keinen Diabetes. Es scheint, dass dies ein einfacher und unbedeutender Unterschied ist, aber, wie ich schrieb, im Fall der Anwendung des Freien Willens in physischen Prozessen, ist er dennoch bedeutsam. Manchmal kann ein Wort, eine

Bedeutung einen entscheidenden Einfluss auf die Wirksamkeit oder Unwirksamkeit eines bestimmten geistigen Quantum-Tools haben.

a. Psychologische Prävention

Wenden wir uns nun den praktischen Beispielen für die Einstellung verschiedener kognitiver Prothesen zu. Gehen wir von folgendem Fall aus: Wir sind in den Fünfzigern, der Einfachheit halber nehmen wir an, dass es sich um einen Mann handelt, obwohl es genauso gut für Frauen gilt. Ich bin also in meinen Fünfzigern. Ich bin bereits lebensmüde, ich bin in der Andropause. Meine Fähigkeiten sind nicht mehr das, was sie waren, als ich jung war. Ich kenne meine Grenzen, und trotzdem kann ich nicht akzeptieren, dass das Leben vergeht. Ich habe eine Familie, eine Frau, Kinder. Ich bin ein angesehener Geschäftsmann, der etwas Besitz hat. Ich lebe einen hohen Lebensstandard, aber trotzdem fühle ich mich ausgebrannt, ich habe keine Lust auf irgendetwas. Mein Stoffwechsel lässt allmählich nach, ich beobachte eine fortschreitende Gewichtszunahme bei mir selbst, usw.

Was kann man hier tun? Denn schließlich bin ich weder krank noch gebrechlich, noch bin ich alt. Das Alter ist noch nicht erreicht, aber ich bin ausgebrannt und entmutigt vom Leben.

Verwenden wir die entsprechende kognitive Prothese mit der gegebenen Einstellung.

Setzen Sie sich in eine bequeme Haltung oder legen Sie sich auf den Rücken. Warnen Sie Ihre Familie, Sie nicht zu stören.

[Beschwören (verzaubern?) in Gedanken oder flüsternd].

...Ich schäle den Punkt Nr. 1 ab, das ist der Punkt, der mit meinem rechten Daumen verbunden ist, das ist der Punkt, der mit (-) verbunden ist, das ist der aktuelle Zustand, der existiert.

Durch die Kraft Meines freien Willens aus Meiner Transzendenz....

...Ich weise dem Punkt Nr.1 eine Zustandsfunktion zu, die definiert und ausdrückt ...

Ich fühle mich geistig erschöpft, emotional müde. Mein Gehirn ist überlastet: das Gefühlssystem, das emotionale System, das System des logischen Denkens, das System des Sicherheitsgefühls. Meine Dopaminsysteme im Gehirn, die Belohnungs- und Kontrollsysteme sind gestört. Die Ausschüttung von Dopamin und Serotonin sowie Noradrenalin in meinem Gehirn ist abnormal. Darüber hinaus wird auch übermäßig viel Cortisol ausgeschüttet. Das normale Verhältnis zwischen Cortisol und dem Neurotransmitter GABA ist gestört. Ich werde durch meine Probleme übermäßig gestresst, was ihren Schaden für mich und meinen Körper nur noch verstärkt. Ich stehe am Rande der geistigen Erschöpfung. Das System in meinem Gehirn: Präfrontallappen - Frontallappen - Amygdala - Hippocampus, ist überlastet, funktioniert nicht richtig, ist überlastet. All diese negativen Prozesse bauen sich auf und entwickeln sich in eine für mich ungünstige Richtung.

...

... Durch die Kraft meines freien Willens aus meiner Transzendenz lege ich den Gegenstand Nr. 1 auf die messbare Ebene und die nicht messbare Ebene....

[Dies ist der erste Schritt des Algorithmus].

Ein weiterer zweiter Schritt des Algorithmus:

[Beschwörung].

...Ich schäle Punkt Nr. 2 ab, das ist der Punkt, der mit meinem linken Daumen verbunden ist, das ist der Punkt, der mit (+) verbunden ist, das ist der Zustand, den ich mir wünsche.

Durch die Kraft Meines Freien Willens aus Meiner Transzendenz weise Ich der Zustandsfunktion, die durch den Punkt in der Göttlichen Energiematrix (Heilung) bestimmt wird, punktuell die Nr. 2 zu, was bedeutet....

Ich fühle mich wie ein Neugeborenes. Ich fühle mich gesund, geistig und emotional ausgeruht. Mein emotionales System in meinem Gehirn ist stark, gesund, ausgeruht, kraftvoll und ausgeglichen, gereinigt. Mein emotionales System ist gesund, stark, ausgeruht, kraftvoll und ausgeglichen. Mein logisches System ist stark, kraftvoll und gesund. Mein Gefühlssystem ist stark, kraftvoll und stark. Meine Dopaminsysteme im Gehirn: die Belohnungs- und Kontrollsysteme sind gesund, effizient und ohne Verzerrungen. Dopamin und Serotonin werden in den richtigen, gesunden Proportionen ausgeschüttet. Noradrenalin wird ordnungsgemäß und in gesundem Maße ausgeschüttet. Cortisol wird in meinem Gehirn und Körper nicht im Übermaß ausgeschüttet. Der Neurotransmitter GABA wird zusammen mit Cortisol in den richtigen, gesunden Proportionen und Beziehungen ausgeschüttet. Meine Probleme stressen mich nicht mehr, ich löse diese Probleme im Handumdrehen. Ich fühle mich bereits gut, habe die volle Kontrolle über mich, meine Gefühle und meine Psyche. Das System in meinem Gehirn: Präfrontallappen - Frontallappen - Amygdala - Hippocampus arbeitet gut, optimal und gesund für mich. Das Leben überwältigt mich nicht. Ich habe gute und gesunde zwischenmenschliche Beziehungen zu anderen, ich habe ein gutes und gesundes Sozialverhalten. Ich fühle mich ausgezeichnet, ich bin geistig und emotional gesund. Dies ist eine positive und dauerhafte Veränderung in mir und der Welt mir gegenüber.

...

[Beschwörung].

... dieser von mir gewählte Punkt in dieser göttlichen Energiematrix bestimmt die Lösung (+) dieses Problems (von Punkt Nr. 1), bestimmt die Zustandsfunktion, die ich durch die Kraft meines freien Willens dem Punkt Nr. 2 zuweise.

Kraft Meines freien Willens lege ich den Gegenstand Nr. 2 auf die messbare Ebene und die nicht messbare Ebene....

[Dies war der zweite Schritt des Algorithmus].

Der nächste, dritte, Schritt des Algorithmus:

[Beschwörung].

... Durch die Kraft meines freien Willens führe ich jetzt eine Quantenverschränkung von Punkt Nr. 1 mit Punkt Nr. 2 aufgrund der Zustandsfunktionen dieser Punkte durch.

Durch die Kraft Meines freien Willens platziere Ich solche quantenverschränkten Punkte Nr. 1 und Nr. 2 im Heiligen Raum Meines Herzens im Feld Meines Herzens....

...lasse dort, bei jederzeit erhaltener Kohärenz dieser Quantenverschränkung, permanente und positive Quantenprozesse für mich stattfinden, die mit der Intention dieser Verschränkung übereinstimmen. Wenn dort zusätzlich negative Energie emittiert wird, die mir oder anderen schaden könnte, erde ich sie durch die Kraft meines freien Willens auf eine sichere Weise....

(Es folgt eine Phase des passiven Wartens, die recht lange dauern kann. Wenn es jedoch einen plötzlichen Durchbruch gibt, der als eine Art Krampf, Schüttelfrost, Vibration oder andere eindeutige Körpersignale wahrgenommen wird, beenden wir diese Phase und gehen direkt zum letzten Schritt des Algorithmus über).

Der letzte Schritt des Algorithmus:

[Beschwörung].

...Durch die Kraft meines freien Willens führe ich jetzt eine Dekohärenz (Auflösung) der

Quantenverschränkung zwischen den Punkten Nr. 1 und Nr. 2 durch

Wenn ich dabei zusätzliche negative Energie ausstrahle, die mir oder anderen schaden könnte, erde ich sie durch die Kraft meines freien Willens.

(Nach Beendigung des Algorithmus schütteln Sie Ihre Hände in Richtung Boden und klatschen zum Abschluss der Sitzung).

Eine solche Sitzung sollte im Idealfall etwa 1,5 Stunden dauern. Es kann anfangs zu negativen Gefühlen und einer offensichtlichen Verschlechterung der Stimmung kommen. Man sollte also auch damit vorsichtig sein. Wenn jemand es als zu "schmerzhaft" empfindet, dann schlage ich vor, die einmalige Séance um die Hälfte zu verkürzen, und wenn selbst das nicht ausreicht, dann verkürze sie noch mehr. Und dann erst schrittweise erhöhen. Das liegt daran, dass während der Anwendung und danach alle Traumata, Irritationen und unangenehmen Empfindungen, die wir erlebt haben und die wir im Laufe mehrerer Jahrzehnte angesammelt haben, freigesetzt werden. Es wäre also am besten, wenn man während des Screenings abwarten würde. Schließlich haben sie uns "damals" nicht umgebracht, also sollten sie uns auch jetzt während ihrer Reinigung nichts antun. Wenn man jedoch Ängste und Schmerzen vor diesen neuen, freigesetzten psychischen "Schmerzen" hat, kann man diese kognitive Prothese messen. Letztlich stellt diese kognitive Prothese, natürlich der Zyklus solcher Séancen, die mentale und emotionale Effizienz, das Potenzial des Geistes wieder her. Sie bewirkt, dass mehrere Jahrzehnte eines so göttlichen Lebens, eines solchen Lebens von Tag zu Tag abgezogen werden. Es stellt die jugendliche Leichtigkeit und Klarheit des Geistes wieder her. Ich werde später in dieser Publikation ähnliche Einstellungen der kognitiven Prothese vorschlagen, allerdings in etwas anderen Konfigurationen.

Da ich mich in dem Teil des Buches befinde, der nicht auf spezifische Krankheiten eingeht, sondern sich mit einer bestimmten Lebensvorbeugung befasst, möchte ich nun die kognitive Prothese vorstellen, die so "eingestellt" ist, dass ich ihr den Namen Lebenselixier gegeben habe, da sie die Durchführung langfristiger Maßnahmen betrifft, um so lange wie möglich ein gutes Leben und eine gute Kondition von Körper und Geist zu genießen.

Lebenselixier

Die Lebensqualität wird im Wesentlichen durch die Leistungsfähigkeit unseres vegetativen Systems bestimmt. Eigentlich wird die Qualität des menschlichen Lebens durch das autonome und vegetative Nervensystem bestimmt. Vor allem das sympathische und das parasympathische Nervensystem. Wie der Name schon sagt, hängt es von diesen Nerven ab, ob wir ein gutes, störungsfreies Leben haben werden oder im Gegenteil eine Menge Probleme, die aus der "schlechten" Arbeit unseres Körpers, unserer Körperhüllen, resultieren. Mit anderen Worten, ob wir ein einigermaßen angenehmes oder ein unsympathisches Leben haben werden, wird hauptsächlich durch den Sympathikus und den Parasympathikus, ihre korrekte und optimale Arbeit oder ihre Funktionsstörungen entschieden. Jemand wird hier sofort scharfsinnig einwenden: Was ist mit dem Gehirn, der Intelligenz, den höheren Gefühlen? Ja, die sind auch wichtig, sogar sehr wichtig, aber der physische Körper hat seine eigenen Gesetze, die von der Natur viel früher entwickelt wurden als Intelligenz und Geist. Wie dem auch sei, in Wirklichkeit sind sie nicht zu trennen. Ich bin dabei, eine Art Stein der Weisen-Algorithmus vorzuschlagen, den man getrost als Lebenselixier bezeichnen kann, denn er wird sich mit der Gesundheit und dem physischen Zustand des menschlichen Körpers befassen und unser Lebenspotenzial erhöhen. Der Stein der Weisen-Algorithmus wirkt allgemeiner und wandelt jede Art von Problem in seine Lösung um. In diesem Fall geht es jedoch um die Gesundheit des Menschen und ein möglichst langes Leben im weitesten Sinne des Wortes. Die Gesundheit wird, wie ich bereits geschrieben habe, durch den Zustand unserer autonomen und vegetativen Nerven beeinflusst, aber auch unser geistiger und körperlicher Zustand wird durch einige körperliche Defekte beeinflusst, die wir seit vielen Jahren haben, chronische Krankheiten, ebenfalls viele Jahre, Belastungen und Verhaltenserfahrungen, eigentlich negative Verhaltensweisen, die unsere Psyche und unseren Charakter beeinträchtigen, die auch den Zustand des Körpers beeinflussen. All dies werde ich versuchen, in diesem Algorithmus zu berücksichtigen. Um auf das vegetative System zurückzukommen, kann man sagen, dass es in diesem Bereich alle möglichen Defekte gibt. Das heißt, Blockaden, kleinere und größere Lähmungen und sogar Degenerationen dieser Nerven führen zu einer Reihe von Krankheiten und Funktionsstörungen, Entzündungen und Erkrankungen der inneren Organe, die letztlich zu pathologischen Veränderungen der inneren Organe und Organe führen. Der Solarplexus und der Vagusnerv sind hier besonders wichtig. Und hier wirken sich alle Blockaden oder Lähmungen zerstörerisch auf die Lebensqualität des Menschen aus. So können beispielsweise Blockaden im

Solarplexus und in der vegetativen Innervation auch chronischen Mundgeruch verursachen. Wenn die Funktionsstörung des Sonnengeflechts und der vegetativen Innervation dauerhaft ist, kann ein solches Problem (Mundgeruch) anhalten. Es ist jedoch umkehrbar, wenn auch nur durch die geschickte Anwendung der Quantum Tools (z. B. des Algorithmus des Steins der Weisen). Wie der Name schon sagt, ist der Solarplexus eine solche Sonne unseres Körpers, der energetischste Nerv. Von dort aus strahlt die Energie zu einer Vielzahl von Organen und Einrichtungen in unserem Körper. Vom Zustand des Solarplexus hängt das Funktionieren der gesamten Bauchsphäre, des Verdauungssystems, einschließlich des Zustands unserer Därme ab, von seinem Zustand hängt die Gesundheit oder Krankheit der Organe und Organe dieses Körperbereichs ab. Okkultisten glauben auch, dass der Solarplexus einer der wichtigsten Busse des Unterbewusstseins ist.

Die berechtigte Frage lautet: Und was kann eine Störung der vegetativen Innervation, einschließlich des Solarplexus oder des Vagusnervs, verursachen? Die Antwort ist einfach: vor allem Stress und emotionale Erlebnisse, ja, das Leben selbst. Schließlich ist der Mensch ein psychosomatisches Wesen. Wenn wir also wissen, was sich so stark auf unsere Lebensqualität auswirkt - ich erinnere daran: alte unbehandelte Krankheiten, einige Behinderungen, der Zustand der autonomen und vegetativen Innervation, ungünstige Verhaltensänderungen, unsere schädlichen Süchte und Gewohnheiten, Übergewicht (Untergewicht?) - was können wir dann tun? Wir können den Algorithmus des Steins der Weisen anwenden. Und jetzt werde ich Ihnen, dem Leser, einen solchen Vorschlag unterbreiten. Natürlich müssen Sie nicht wortwörtlich damit herumspielen, Sie können die entsprechenden Änderungen vornehmen, damit dieses Schema Ihren Bedürfnissen entspricht.

Sie können den Algorithmus für sich selbst oder für eine beliebige Person durchführen. Du musst jedoch bedenken, dass du dich karmisch an diese Person bindest, wenn du ihn für jemanden durchführst, und das kann bereits unerwartete und schwer vorhersehbare Folgen in deinem und seinem Leben haben.

[Beschwören (verzaubern?) in Gedanken oder flüsternd].

...Ich schäle den Punkt Nr. 1 ab, das ist der Punkt, der mit meinem rechten Daumen verbunden ist, das ist der Punkt, der mit (-)

verbunden ist, das ist der aktuelle Zustand, der existiert.

Durch die Kraft Meines freien Willens aus Meiner Transzendenz....

...Ich weise dem Punkt Nr.1 eine Zustandsfunktion zu, die definiert und ausdrückt ...

Ab heute ist mein körperlicher und geistiger Zustand definiert. Ich habe mehrere Jahrzehnte erlebt, in denen ich mehrere Krankheiten pathologischer Natur erworben habe, die mich bis heute plagen [????? <u>Beschreiben Sie Ihre Probleme</u>]. Ich habe einige Störungen der vegetativen und autonomen Innervation in Form von Blockaden, Lähmungen dieser Nerven und sogar Degenerationen. Meine zwischenmenschlichen Beziehungen zu anderen Menschen sind mäßig korrekt, aber der Zustand meiner Gesundheit, meine körperlichen Leiden und meine Beziehungen zu Familie und Menschen haben mich im Laufe der Jahre zu zahlreichen und ungünstigen Verhaltensänderungen in meinem Gehirn, meinem Geist und meiner Innervation geführt, die sich negativ auf meinen geistigen Zustand auswirken, sie haben sich sogar negativ auf meinen Charakter ausgewirkt und behindern mein Leben ganz nachdrücklich. Ich habe auch eine tödliche Sucht [???? Nennen Sie es], ich bin übergewichtig, ich bin lebensmüde, ich habe das Gefühl, mein Leben verschwendet zu haben. Meine Grundschwingungsebene, die Bewusstseinskarte, ist auf der Hawkins-Skala ziemlich mittelmäßig und geht nicht über die Ebene des Stolzes hinaus, die auf der Hawkins-Skala 175 Einheiten beträgt. All das hat eine katastrophale Wirkung auf meine Psyche und meine körperliche und geistige Gesundheit.

...

... Durch die Kraft meines freien Willens aus meiner Transzendenz lege ich den Gegenstand Nr. 1 auf die messbare Ebene und die nicht messbare Ebene....

[Dies ist der erste Schritt des Algorithmus].

Ein weiterer zweiter Schritt des Algorithmus:

[Beschwörung].

...Ich schäle den Punkt Nr. 2 ab, das ist der Punkt, der mit meinem linken Daumen verbunden ist, das ist der Punkt, der mit (+) verbunden ist, das ist der Zustand, den ich mir wünsche.

Durch die Kraft Meines Freien Willens aus Meiner Transzendenz weise Ich der Zustandsfunktion, die durch den Punkt in der Göttlichen Energiematrix (Heilung) bestimmt wird, punktuell die Nr. 2 zu, was bedeutet....

Ich fühle mich körperlich und geistig gut. Mein Gehirn und die autonome und vegetative Innervation, einschließlich des Solarplexus, des Vagusnervs und der Gastrocnemiusnerven, durchlaufen eine Neurogenese alter und geschädigter neuronaler und neuronaler Strukturen im Gehirn, was der Neuroplastizität des Gehirns und des gesamten Nervensystems entspricht. Ich befreie mich von allen Blockaden, Lähmungen und Degenerationen in der Innervation. Meine inneren Organe beleben sich und erhalten einen zusätzlichen positiven Kick. Ich fühle mich jeden Tag jünger und gesünder. In meinem Gehirn regenerieren sich die geschädigten Neuronen und

Gehirnstrukturen und bilden sich in dieser Richtung neu, so dass ich ein echter Sigma-Mann werde, ein Mann, der vom Schicksal begünstigt ist, so dass ich ein Optimist im Leben werde, so dass sich mein Charakter in diese positive Richtung verändert, sehr gute zwischenmenschliche Beziehungen habe, so dass ich finanziell und materiell erfolgreich bin. Mögen diese Veränderungen in meinem Gehirn und meinem Geist es mir ermöglichen, das Leben zu genießen, damit mein Partner und meine Kinder mich respektieren und lieben, und damit ich ihnen Liebe geben kann. Ich entledige mich auf diesem Weg (durch die richtige Neurogenese) all der ungünstigen Verhaltensänderungen in meinem Gehirn, meinem Geist und meinen Nerven, die mich bisher blockiert und meinen Charakter verzerrt haben. Ich habe starke und widerstandsfähige Systeme: das mentale System, das emotionale System, das Gefühlssystem und das System meines Sicherheitsgefühls. Ich bin geistig und körperlich gesund. Alle meine Alterungserscheinungen und pathologischen Veränderungen in meinem Körper [????

Beschreiben Sie diese Veränderungen] bilden sich allmählich zurück, Tag für Tag. Ich entledige mich von Tag zu Tag alter Gewohnheiten und Süchte [???? Beschreiben Sie sie]. Mein Körpergewicht ist richtig und angemessen. Mein Grundschwingungsniveau (Bewusstseinskarte) steigt deutlich an und befindet sich auf der Ebene des Mutes, d.h. 200 Einheiten auf der Hawkins-Skala, was dazu führt, dass ich keine Angst vor dem Leben und den Herausforderungen habe, die vor mir liegen. Und all dies sind positive und dauerhafte Veränderungen in mir und der Welt mir gegenüber.

[Beschwörung].

...dieser von mir gewählte Punkt in dieser göttlichen Energiematrix bestimmt die Lösung (+) dieses Problems (von Punkt Nr.1), bestimmt die Zustandsfunktion, die ich durch die Kraft meines freien Willens dem Punkt Nr.2 zuweise.

Kraft Meines freien Willens lege ich den Gegenstand Nr. 2 auf die messbare Ebene und die nicht messbare Ebene....

[Dies war der zweite Schritt des Algorithmus].

Der nächste, dritte, Schritt des Algorithmus: [Beschwörung].

... Durch die Kraft meines freien Willens führe ich jetzt eine Quantenverschränkung von Punkt Nr. 1 mit Punkt Nr. 2 aufgrund der Zustandsfunktionen dieser Punkte durch.

Durch die Kraft Meines freien Willens platziere Ich solche quantenverschränkten Punkte Nr. 1 und Nr. 2 im Heiligen Raum Meines Herzens im Feld Meines Herzens....

...lasse dort, bei jederzeit erhaltener Kohärenz dieser Quantenverschränkung, permanente und positive Quantenprozesse für mich ablaufen, die mit der Intention dieser Verschränkung übereinstimmen. Wenn dort zusätzlich negative Energie abgesondert wird, die mir oder anderen schaden könnte, erde ich sie durch die Kraft meines freien Willens auf eine sichere Weise....

(Es folgt eine Phase des passiven Wartens, die recht lange dauern kann. Wenn es jedoch einen plötzlichen Durchbruch gibt, der als eine Art Krampf, Schüttelfrost, Vibration oder andere eindeutige Körpersignale wahrgenommen wird, beenden wir diese Phase und gehen direkt zum letzten Schritt des Algorithmus über).

Der letzte Schritt des Algorithmus:

[Beschwörung].

...Durch die Kraft meines freien Willens führe ich jetzt eine Dekohärenz (Auflösung) der Quantenverschränkung zwischen den Punkten Nr. 1 und Nr. 2 durch

Wenn ich dabei zusätzliche negative Energie ausstrahle, die mir oder anderen schaden könnte, erde ich sie durch die Kraft meines freien Willens.

(Nach Beendigung des Algorithmus schütteln Sie Ihre Hände in Richtung Boden und klatschen zum Abschluss der Sitzung).

So würde mein Vorschlag für den Algorithmus des Steins der Weisen, von mir Elixier des Lebens genannt, aussehen. Natürlich ist dies nur ein Vorschlag. Ich bin sicher, dass Sie dieses Schema abändern und entsprechend anpassen können. Vielleicht haben Sie einige spezielle Probleme, die Sie auf diese Weise "heilen" sollten, um sich völlig gesund und erfüllt zu fühlen. Aber insgesamt ist das Schema einfach und universell. Das ist es, worum es bei dieser Formgebung im Gehirn, im Geist und in den Nerven und im Körper auf Quantenbasis (mit Quantenwerkzeugen) geht, schnell und radikal. Es ist möglich, diesen Weg zu nutzen, um unseren gewöhnlichen Weg der spirituellen Entwicklung zu verbessern, den wir hier unbeholfen auf der messbaren Ebene gehen. Wichtig ist, dass diese Quantum Tools in jedem Alter verwendet werden können.

Bei diesen beiden Vorschlägen für kognitive Proteineinstellungen ging es lediglich um die präventive Behandlung des eigenen psychischen Zustands. Es stellt sich jedoch heraus, dass die Möglichkeiten der mentalen Quantum Tools viel größer sind. Mit ihnen lassen sich praktisch alle Abweichungen in Bezug auf unser geistiges Wohlbefinden und unsere geistige Gesundheit korrigieren. Nebenbei bemerkt, möchte ich erwähnen, dass die Verwendung von Resonanzsignalen aus Ton und Bild vom

Standpunkt der Behandlung aus vielleicht sogar noch mächtiger ist, weil sie, wie ich bereits in diesem Buch geschrieben habe, den Wirkungsgrad (1/n -) haben. Das heißt, sie schwächen das Problem nach einer Séance viel stärker ab als der Stein der Weisen-Algorithmus, der in dieser Hinsicht nur einen Wirkungsgrad von (½-) hat. Der Stein der Weisen-Algorithmus bzw. die kognitive Prothese hat aber den Vorteil, dass er für praktisch jedes Problem "eingestellt" werden kann, was bei der Resonanz nicht möglich ist, und außerdem arbeitet der Algorithmus nach dem Prinzip des Multitasking, und durch entsprechende Wiederholung der Séancen des Algorithmus wird ohnehin der gleiche Effekt erzielt wie bei der Resonanz.

Aus meiner Erfahrung, sozusagen als Vorläufer, kann ich sagen, dass, wenn wir eine Séance des Stein der Weisen Algorithmus mit einer Länge von, sagen wir, 1,5 Stunden durchführen, dann wird sich automatisch, nun ja, vielleicht nach einiger Zeit, die so vergeht, unser effektiver Schlaf um 2*1,5=3 Stunden verringern. Das heißt, wir haben zusätzlich 1,5 Stunden effektiv freie Zeit. Und Menschen, die 8 Stunden brauchen, schlafen plötzlich 5 Stunden oder vielleicht sogar weniger. Das liegt daran, dass während der Séance des Stein der Weisen-Algorithmus (kognitive Prothese) ähnliche physiologische Prozesse ablaufen wie beim normalen Schlaf. Der Schlaf ist im Allgemeinen eine physiologische Zeit und ein physiologischer Prozess, in dem der Körper eine Selbstreinigung all jener Prozesse durchführt, die wir so göttlich erleben. Dies ist eine notwendige Zeit und ein notwendiger Prozess, aber es stellt sich heraus, dass wir mit dem Stein der Weisen Algorithmus diesen Schlafprozess sozusagen aus einer solchen Funktion herausnehmen, daher die Zeitersparnis später im bereits echten Schlaf. Nur würde ich jeden warnen, sich zu vergewissern, dass man nach einem solchen abgekürzten Traum später objektiv und mit gutem Gewissen ein Auto oder ein anderes Kraftfahrzeug benutzen kann. Ich würde raten, erst einmal genau zu schauen, wie sich diese mentalen Quantum Tools auf Dauer auswirken werden.

b. Karten des Bewusstseins, Relative Moralische Energieebene µ.

Im Zusammenhang mit der menschlichen Psychologie und der Psychologie ist eine sehr interessante Idee die so genannte Landkarte des Bewusstseins oder die Ebene der Basisschwingung (Grundschwingung), die jeder Mensch hat, nach David Hawkins. Dieser bekannte amerikanische Psychiater entwickelte diese Idee in der zweiten Hälfte des 20. Jahrhunderts und verbreitete sie erfolgreich in den USA und auf der ganzen Welt. Die Idee ist, dass das Bewusstsein eines jeden Menschen durch einen bestimmten logarithmischen (???) Koeffizienten charakterisiert ist, der den Grad der Spiritualität einer bestimmten Person widerspiegelt. Hier ist mir mehr, wie eine solche

Tabelle des Bewusstseins Karte in Hawkins Einheiten darstellt.

Die Karte der Bewusstseinsstufen von David R. Hawkins stellt die verschiedenen Bewusstseinsstufen dar, die in drei Hauptkategorien unterteilt werden können: untere, mittlere und höhere Stufen. Hier sind die grundlegenden Ebenen der Grundschwingung nach Hawkins, zusammen mit Beispielen:

Niedrigere Bewusstseinsebenen:

1. **Scham** (20) - Eine Person auf dieser Stufe kann sich wertlos und unwürdig fühlen.

2. **Schuld** (30) - Schuldgefühle und Selbstvorwürfe überwiegen.

3. **Apathie** (50) - Mangel an Energie und Motivation zum Handeln.

4. **Trauer** (75) - Gefühle von Traurigkeit und Verlust.

5. **Angst** (100) - Angst vor der Zukunft und dem Unbekannten.

6. **Verlangen** (125) - Starke Wünsche und Bedürfnisse, die zu Abhängigkeiten führen können.

7. **Wut** (150) - Wut und Frustration.

8. **Stolz** (175) - Ein Gefühl der Überlegenheit und des Egoismus.

Mittlere Bewusstseinsebenen:

1. **Mut** (200) - Bereitschaft, Herausforderungen und Veränderungen anzunehmen.

2. **Desire** (310) - Enthusiasmus und Bereitschaft zum Handeln.

3 **Akzeptanz** (350) - Akzeptanz der Realität und des Selbst.

4. **Reasoning** (400) - Logisches Denken und Verstehen.

Höhere Bewusstseinsebenen:

1. **Liebe** (500) - Bedingungslose Liebe und Mitgefühl.

2. **Royalty** (540) - Ein tiefes Gefühl von Glück und Erfüllung.

3. **Frieden** (600) - Innerer Frieden und Harmonie.

4. **Erleuchtung** (700-1000) - Ein Zustand höchsten Bewusstseins und des Einsseins mit dem Universum.

Jede dieser Ebenen steht für unterschiedliche emotionale und energetische Zustände, die unser Leben und die Art und Weise, wie wir die Welt wahrnehmen, beeinflussen.

Interessanterweise bleibt nach Hawkins der größte Teil der Gesellschaft auf der Stufe des Stolzes stehen, d.h. 175 Einheiten auf der Hawkins-Skala, obwohl es eine echte Chance für jeden gibt, sich zu entwickeln und durch seine Entwicklung viel höhere Stufen zu erreichen. Menschen mit einer sehr hohen

Bewusstseinsentwicklung können sogar die Stufe der Liebe erreichen, das sind 500 Einheiten auf der Hawkins-Skala. Die herausragendsten Individuen vom Typ Buddha, Jesus haben die Stufe der Erleuchtung erreicht, das sind bis zu 1000 Einheiten. Interessant ist, dass ein Mensch mit der Entwicklung, irgendwo über 500 Einheiten, all seine ungünstigen körperlichen und geistigen Beschwerden oder Krankheiten loswird. Sein Leben ist erfüllt, er kommt aus dem Kreislauf des Samsara heraus und erreicht das Nirwana.

Eine gewisse Analogie dazu ist die von Dr. Jan Pajak vorgestellte Theorie des relativen moralischen Niveaufaktors, den Menschen erreichen. Die Analogie ist fast identisch. Nach Jan Pajak wird die Lebensqualität durch den bereits erwähnten Relativen Moralischen Niveau-Faktor µ bestimmt, der sich zwischen $0<\mu<1$

Und so, für

$0<\mu<0{,}3$ - eine Person beginnt zu erkranken. Er beginnt zu haben Gesundheitsprobleme, sein Status sozialer Status sinkt rapide, es fehlt ihm einfach beginnt einfach, moralische Energie zu verlieren.

$0{,}3<\mu<0{,}5$ - ist die Situation der Menschen viel besser und verbessert sich in jedem Aspekt der menschlichen Tätigkeit.

$0{,}5<\mu<0{,}6$ - eine Person ist glücklich, beliebt, hat keine Feinde. Er erfreut sich ausgezeichneter Gesundheit.

$\mu>0{,}6$ - der Mensch fällt in Euphorie, kommt aus dem Kreislauf der Geburt (Samsara), erreicht das Nirwana.

Hier ist die Analogie zwischen den beiden Ideen zu sehen, was die Gültigkeit beider Konzepte nur bestätigt. Außerdem sind sie durch zuverlässige Esoterik in den Indikationen der jeweiligen Pendel bestätigt worden. Nicht umsonst werden diese beiden Ideen angeführt, denn wir sind dabei, sie in den entsprechenden Einstellungen der Stein der Weisen Algorithmen zu verwenden, um unsere Grundschwingung und unser relatives Lebensenergieniveau in der gewünschten Weise zu verändern. Zu welchem Zweck? Für die Verbesserung unserer Gesundheit und unseres Wohlbefindens, für unser Wachstum auf dem Pfad der spirituellen Entwicklung, was ja der Sinn unserer Existenz hier auf der messbaren Ebene ist.

Obwohl diese Skalen eine sehr hohe Analogie aufweisen, sollte man bedenken, dass sie wahrscheinlich nicht so eins zu eins angewendet werden können. Denn zum Beispiel entspricht ein Wert von µ>0,3 wahrscheinlich einem Schwingungsniveau von 200 Einheiten auf der Hawkins-Skala, aber schon ein Liebesniveau von 500 Einheiten auf der Hawkins-Skala kann µ>0,5 entsprechen. Und dann, je höher auf beiden Skalen, desto enger ist die Analogie.

Mit dem Algorithmus des Physiologischen Steins können Sie sowohl das Vibrationsniveau als auch das Niveau der relativen moralischen Energie erhöhen. Warum? Weil wir mit dem Algorithmus des Steins der Weisen die ursächlichen und zielgerichteten Ursachen hinter dem gegebenen Problem, der gegebenen Angelegenheit beeinflussen und verändern, und dies ist eine Aktivität in Übereinstimmung mit den Gesetzen der Physik (esoPhysics), und nicht mit einem bloßen Wunschdenken. Nur, ich würde eher davor warnen, sich sofort in tiefe Gewässer zu stürzen. Und ich würde eher dazu raten, wenn man eine Grundschwingung von 200 hat, den Algorithmus nicht so einzustellen, dass er von 200 sofort auf 500 Einheiten auf der Hawkins-Skala geht, analog gilt das auch für µ. Warum, weil wir das vielleicht nicht aushalten können und es über die Belastbarkeit unserer "Entitäten" hinausgeht. Es ist besser, Änderungen vorzunehmen, aber nur kleine. Zum Beispiel kann man mutig die Anpassung des Algorithmus auf einmal vornehmen, den Übergang von 200 auf 220 Hawkins-Einheiten, vielleicht von µ=0,33 auf µ=0,35. Und so schrittweise, auf lange Sicht, positive Veränderungen vornehmen. Ohne Schocktherapie, sozusagen. Hier ist mein Vorschlag, den Stein der Weisen Algorithmus von einem Schwingungsniveau von 200 auf 220 Einheiten auf der Hawkins-Skala einzustellen und gleichzeitig von $\mu=0,33$ auf $\mu=0,35$ zu gehen.

[Beschwören (verzaubern?) in Gedanken oder flüsternd].

...Ich schäle den Punkt Nr. 1 ab, das ist der Punkt, der mit meinem rechten Daumen verbunden ist, das ist der Punkt, der mit (-) verbunden ist, das ist der aktuelle Zustand, der existiert.

Durch die Kraft Meines freien Willens aus Meiner Transzendenz....

...Ich weise dem Punkt Nr.1 eine Zustandsfunktion zu, die definiert und ausdrückt ...

Meine Grundschwingung auf der Hawkins-Skala beträgt 200 Einheiten, was der Mutstufe entspricht. Und mein relativer moralischer Energiewert schwankt um µ=0,33. Ich fühle mich dabei etwas unwohl und klage über periodische Krankheiten, Müdigkeit und Lebensüberdruss.

...

... Durch die Kraft meines freien Willens aus meiner Transzendenz lege ich den Gegenstand Nr. 1 auf die messbare Ebene und die nicht messbare Ebene....

[Dies ist der erste Schritt des Algorithmus].

Ein weiterer zweiter Schritt des Algorithmus:

[Beschwörung].

...Ich schäle den Punkt Nr. 2 ab, das ist der Punkt, der mit meinem linken Daumen verbunden ist, das ist der Punkt, der mit (+) verbunden ist, das ist der Zustand, den ich mir wünsche.

Durch die Kraft Meines Freien Willens aus Meiner Transzendenz weise Ich der Zustandsfunktion, die durch den Punkt in der Göttlichen Energiematrix (Heilung) bestimmt wird, punktuell die Nr. 2 zu, was bedeutet....

Meine Grundschwingung wird gestärkt und auf 220 Einheiten auf der Hawkins-Skala erhöht. Mein relativer moralischer Energiewert wird auf $\mu=0{,}35$ erhöht. Dies geht einher mit einem deutlichen Anstieg meiner inneren Energie. Ich fühle mich besser, ich werde seltener krank. Ich bin optimistischer, was die Welt und das Leben angeht, und die Welt ist mir gegenüber wohlgesonnener.

...

[Beschwörung].

... dieser von mir gewählte Punkt in dieser göttlichen Energiematrix bestimmt die Lösung (+) dieses Problems (von Punkt Nr. 1), bestimmt die Zustandsfunktion, die ich durch die Kraft meines freien Willens dem Punkt Nr. 2 zuweise.

Kraft Meines freien Willens lege ich den Gegenstand Nr. 2 auf die messbare Ebene und die nicht messbare Ebene....

[Dies war der zweite Schritt des Algorithmus].

Der nächste, dritte, Schritt des Algorithmus:

[Beschwörung].

... Durch die Kraft meines freien Willens führe ich jetzt eine Quantenverschränkung von Punkt Nr. 1 mit Punkt Nr. 2 aufgrund der Zustandsfunktionen dieser Punkte durch.

Durch die Kraft Meines freien Willens platziere Ich solche quantenverschränkten Punkte Nr. 1 und Nr. 2 im Heiligen Raum Meines Herzens im Feld Meines Herzens....

...lasse dort, bei jederzeit erhaltener Kohärenz dieser Quantenverschränkung, permanente und positive Quantenprozesse für mich ablaufen, die mit der Intention dieser Verschränkung übereinstimmen. Wenn dort zusätzlich negative Energie abgesondert wird, die mir oder anderen schaden könnte, erde ich sie durch die Kraft meines freien Willens auf eine sichere Weise....

(Es folgt eine Phase des passiven Wartens, die recht lange dauern kann. Wenn es jedoch einen plötzlichen Durchbruch gibt, der als eine Art Krampf, Schüttelfrost, Vibration oder andere eindeutige Körpersignale wahrgenommen wird, beenden wir diese Phase und gehen direkt zum letzten Schritt des Algorithmus über).

Der letzte Schritt des Algorithmus:

[Beschwörung].

...Durch die Kraft meines freien Willens führe ich jetzt eine Dekohärenz (Auflösung) der Quantenverschränkung zwischen den Punkten Nr.1 und Nr.2 durch.

Wenn ich dabei zusätzliche negative Energie aussende, die mir oder anderen schaden könnte, erde ich sie durch die Kraft meines freien Willens.

(Nach Beendigung des Algorithmus schütteln Sie Ihre Hände in Richtung Boden und klatschen zum Abschluss der Sitzung).

Nicht umsonst habe ich ein Kapitel dieses Buches der Radiästhesie und der Pendelarbeit gewidmet, denn mit Hilfe eines Pendels können wir unser Basis-Schwingungsniveau und unser relatives moralisches Energieniveau µ bestimmen. Mit Hilfe eines Pendels, z.B. Izis oder eines anderen Pendels, können wir unserer Intuition weitere notwendige Fragen im Zuge des Aufbaus der mentalen Quantenwerkzeuge stellen, und wir können von unserer Intuition eine spezifische Führung auf diesem Weg erwarten.

Wir werden dieses Patent auch im weiteren Verlauf des Buches für weitere Einstellungen der Stein der Weisen-Algorithmen (Kognitive Prothese) verwenden.

c. Psychologische Behandlungen

Nun, wie Sie wahrscheinlich schon herausgefunden haben, geht es in diesem ganzen Buch um Quantenpsychologie in dieser neuesten modernistischen Version der esoPhysik. Es lohnt sich also, jetzt einige "Einstellungen" des kognitiven Proteismus vorzustellen, die für diesen Inhalt relevant sind.

Hier haben wir den Fall eines Mannes, dessen Nerven ihn "auffressen", der nicht in der Lage ist, die Flut ungünstiger und destruktiver Emotionen, Gefühle und Gedanken zu bewältigen. Ein Mann, der nicht weiß, wie er seine deprimierenden Grübeleien loswerden kann, d.h. der immer wieder alle seine eingebildeten und phantasielosen Probleme analysiert. Ein Mann, der aus verschiedenen Gründen keine Hilfe von geliebten Menschen, Freunden und sogar vom Gesundheitsdienst erfahren hat. Der Grund für diese Situation kann vielfältig sein. Vielleicht wurde er verletzt, jemand hat sein Vertrauen missbraucht, oder vielleicht war es seine Krankheit, die dazu geführt hat, oder vielleicht der Verlust der Existenzgrundlage? Es könnte eine Vielzahl von Gründen geben. Die Situation dieses Mannes kann auf Dauer zu schwerwiegenden psychischen Folgen führen, sogar so weit, dass er die Grenze seiner psychischen Belastbarkeit ausschöpft, und dann ist es schon eine Katastrophe.

Nehmen wir an, er ist Ihr Onkel, und Sie haben beschlossen, ihm zu helfen, indem Sie einige Sitzungen zur kognitiven Prothese für ihn durchführen. Hier ist der vorgeschlagene "Aufbau" für eine solche kognitive Prothese. Sie führen die Prothese wie üblich durch, unter ähnlichen Bedingungen wie immer.

[Beschwören (verzaubern?) in Gedanken oder flüsternd].

...Ich schäle den Punkt Nr. 1 ab, das ist der Punkt, der mit meinem rechten Daumen verbunden ist, das ist der Punkt, der mit (-) verbunden ist, das ist der aktuelle Zustand, der existiert.

Durch die Kraft Meines freien Willens aus Meiner Transzendenz....

...Ich weise dem Punkt Nr.1 eine Zustandsfunktion zu, die definiert und ausdrückt ...

Mein Onkel Adam ist geistig erschöpft. Er weiß nicht, wie er mit Stress umgehen soll. Er hat ungünstige und pathologische Veränderungen in seinen Nervenstrukturen, seinen Gehirnstrukturen und sogar in seiner Transzendenz. Er hat ein geschwächtes und dysfunktionales mentales System, sein emotionales System, sein Gefühlssystem und sein System der Sicherheit. In seinem Gehirn und Körper wird zu viel Cortisol ausgeschüttet, ebenso wie Prolaktin, und zu wenig des Neurotransmitters GABA. Er kann seine Nerven nicht kontrollieren, wird ständig von Grübeleien überflutet, analysiert ständig seine eingebildeten und phantasielosen Probleme. Seine Frustration staut sich auf. Er zittert vor Nervosität, seine Situation verschlimmert sich von Tag zu Tag. Es mangelt ihm an geistiger, emotionaler und seelischer Ausdauer und Belastbarkeit. Auch sein Dopaminsystem, das Kontroll- und Belohnungssystem, ist gestört. Seit er vor fünf Jahren in den Ruhestand ging, hat sich sein

Zustand verschlechtert. Er weiß nicht, wie er einen Platz für sich finden soll. Er ist seit zehn Jahren Witwer, und sein einziger Sohn ist in die Niederlande ausgewandert und hat keinen Kontakt zu ihm. Seine Grundschwingung beträgt offenbar weniger als 150 Einheiten auf der Hawkins-Skala. Das führt dazu, dass sich sein Zustand immer weiter verschlechtert.

...

... Durch die Kraft meines freien Willens aus meiner Transzendenz lege ich den Gegenstand Nr. 1 auf die messbare Ebene und die nicht messbare Ebene....

[Dies ist der erste Schritt des Algorithmus].

Ein weiterer zweiter Schritt des Algorithmus:

[Beschwörung].

...Ich schäle den Punkt Nr. 2 ab, das ist der Punkt, der mit meinem linken Daumen verbunden ist, das ist der Punkt, der mit (+) verbunden ist, das ist der Zustand, den ich mir wünsche.

Durch die Kraft Meines Freien Willens aus Meiner Transzendenz weise Ich der

Zustandsfunktion, die durch den Punkt in der Göttlichen Energiematrix (Heilung) bestimmt wird, punktuell die Nr. 2 zu, was bedeutet....

Meinem Onkel Adam geht es geistig bereits besser. Er hat keine negativen und pathologischen Veränderungen in seinem Verhalten, in seinem Verhalten, in seiner Psyche und in seinem mentalen Verhalten. Es gibt keine negativen pathologischen Veränderungen in seinen neuronalen und zerebralen Strukturen und in seiner Transzendenz. Er verfügt über ein starkes, gesundes, leistungsfähiges mentales, emotionales, gefühlsmäßiges und sicherheitsbezogenes System. Sein Gehirn schüttet nicht viel Cortisol aus, und wenn doch, dann nur bei Eustress, gleichzeitig mit der Ausschüttung des Neurotransmitters GABA in angemessenen und optimalen Dosen und Proportionen. Sein Gehirn schüttet auch nicht viel Prolaktin aus. Stattdessen schüttet sein Gehirn Oxytocin aus, das alle Nerven- und Nervenschäden heilt und revitalisiert. Adam ist nun in der Lage, seine Nerven unter Kontrolle zu halten, er wird nicht mehr von Grübeleien, schlechten Gedanken, Emotionen und Gefühlen überflutet. Er hat die volle Kontrolle über sich selbst. Das Dopaminsystem in seinem Gehirn, das Belohnungs- und Kontrollsystem, ist in Ordnung. Er fühlt sich nicht mehr frustriert und deprimiert. Er ist fröhlich, ruhig, gelassen und hat sich mit seinem Schicksal abgefunden. Er versucht, Kontakt zu seinem Sohn Christopher aufzunehmen. Er ist geistig und körperlich gesund, ihm fehlt nichts. Er verfügt über eine für sein Alter normale Mobilität. Er hat den Kontakt zu der Familie seiner Schwester Eliza wieder aufgenommen. Seine zwischenmenschlichen Beziehungen sind normal. Seine Grundschwingung ist auf ein Niveau von 200 Einheiten auf der Hawkins-Skala angestiegen. Sein Zustand verbessert sich von Tag zu Tag. Und das ist eine positive und dauerhafte Veränderung in ihm und in der Welt ihm gegenüber.

...

[Beschwörung].

... dieser von mir gewählte Punkt in dieser göttlichen Energiematrix bestimmt die Lösung (+) dieses Problems (von Punkt Nr.1), bestimmt die Zustandsfunktion, die ich durch die Kraft meines freien Willens dem Punkt Nr.2 zuweise.

Kraft Meines freien Willens lege ich den Gegenstand Nr. 2 auf die messbare Ebene und die nicht messbare Ebene....

[Dies war der zweite Schritt des Algorithmus].

Der nächste, dritte, Schritt des Algorithmus:

[Beschwörung].

... Durch die Kraft meines freien Willens führe ich jetzt eine Quantenverschränkung von Punkt Nr. 1 mit Punkt Nr. 2 aufgrund der Zustandsfunktionen dieser Punkte durch.

Durch die Kraft Meines freien Willens platziere Ich solche quantenverschränkten Punkte Nr. 1 und Nr. 2 im Heiligen Raum Meines Herzens im Feld Meines Herzens....

... dass dort, bei jederzeit erhaltener Kohärenz dieser Quantenverschränkung, permanente und positive Quantenprozesse für meinen Onkel stattfinden, die mit der Intention dieser Verschränkung übereinstimmen. Sollte sich dort zusätzlich negative Energie absondern, die mir, Adam oder anderen schaden könnte, so erde ich sie durch die Kraft meines freien Willens auf eine sichere Weise....

(Es folgt eine Phase des passiven Wartens, die recht lange dauern kann. Wenn es jedoch einen plötzlichen Durchbruch gibt, der als eine Art Krampf, Schüttelfrost, Vibration oder andere eindeutige Körpersignale wahrgenommen wird, beenden wir diese Phase und gehen direkt zum letzten Schritt des Algorithmus über).

Der letzte Schritt des Algorithmus:

[Beschwörung].

...Durch die Kraft meines freien Willens führe ich jetzt eine Dekohärenz (Auflösung) der Quantenverschränkung zwischen den Punkten Nr. 1 und Nr. 2 durch

Wenn ich dabei zusätzliche negative Energie abgebe, die mir, meinem Onkel Adam oder anderen schaden könnte, erde ich sie durch die Kraft meines freien Willens.

(Nach Beendigung des Algorithmus schütteln Sie Ihre Hände in Richtung Boden und klatschen zum Abschluss der Sitzung).

Dies ist natürlich nur ein Beispiel für die Einstellung der kognitiven Prothese. Schließlich kann der Algorithmus Stein der Weisen oder die Kognitive Prothese für sich selbst oder für eine andere Person mit der gleichen Wirksamkeit eingestellt werden. Denn, wie ich bereits geschrieben habe, drücken die mentalen Quantenwerkzeuge die "Arbeit" auf der unmessbaren Ebene aus und sind Ausdruck der Wirkung des menschlichen freien Willens. Dies scheint echte Magie zu sein, aber wo immer wir den menschlichen Freien Willen als elementare Kraft und kausale Ursache aus der Unmessbaren Ebene ernst nehmen, werden wir uns immer dem Vorwurf aussetzen, Magie zu betreiben. Vielleicht ist das der Grund, warum die offizielle Wissenschaftsströmung ähnlichen Offenbarungen, wie ich sie in meinen Büchern darstelle, so skeptisch gegenübersteht. Sie können also an diesem Beispiel sehen, wie die kognitive Prothese, ihre Einstellung alle psychologischen und Verhaltensprozesse eines Menschen beeinflusst, die Qualität seines Erlebens von Emotionen und Gefühlen, seines Erlebens und irgendwie auch seiner Gedanken bestimmt. An diesem Beispiel können Sie also sehen, wie wir mit unseren Emotionen, unseren Gefühlen unsere Seele, unseren Geist formen. So vollzieht sich in ihm der Weg der geistigen Entwicklung. Seine Qualität wird durch unser Wohlbefinden, unsere Gedanken, unsere Emotionen, unsere Gefühle angezeigt. Verzerrungen in diesem Bereich wirken sich stark auf die Formung eben dieser Dinge aus, die wir an unserer Psyche, unserem Bewusstsein, unserer Seele vornehmen. Das ist natürlich ein komplizierter Prozess, es ist schwierig, ihn in einer einzigen Quelle zu beschreiben, es ist schwierig, diesen Prozess in einfachen Kanonen zu charakterisieren, diesen komplexen Prozess, und er bestimmt nicht nur unsere Lebensqualität hier auf der Erde, die auf der messbaren Ebene. Aber eben, wie gesagt, er schnitzt unsere Seele, unseren Geist, und mit diesem Schnitzen werden wir nach dem Tod fertig. Das, was wir schnitzen, wird uns später im Leben endgültig überlassen und abgerechnet. Auf dieser Grundlage kann das Kognitive Protein auf vielfältige Weise gesetzt werden, es können unterschiedliche oder gleiche Prozesse dafür in Frage kommen, aber das ist natürlich nicht der Grund für das Spiel. Nur gibt es dahinter einen tieferen Grund, eben für unseren Weg der geistigen Entwicklung, warum wir hier auf die Erde gekommen sind, auf diese messbare Ebene, um dieses Leben zu leben, um die Emotionen der Gedanken und Gefühle zu erleben. Jemand wird sagen: gleich, gleich, aber man sagt, dass negative emotionale Erfahrungen den Menschen veredeln. Bis zu einem gewissen Grad ist das sicherlich richtig, aber für den Quantenmenschen, den Homo sapiens Quantenverschränkung, können wir den Prozess nun genau kontrollieren. Wir sind nicht mehr zu einem solchen gottgefälligen Leben verdammt, das wir so leben müssen, wie es das Schicksal uns vorgibt. Heutzutage können wir uns auf diese Weise unser eigenes Schicksal selbst erschaffen, wir können uns den Widrigkeiten stellen und die negativen Prozesse in unserer Psyche, unseren Emotionen, unseren Gefühlen weitgehend beheben. Bevor ich auf weitere Beispiele für die Erkenntnisse der kognitiven Prothese eingehe, sei darauf hingewiesen, dass sich all diese Einstellungen aus grundlegenden Quantengesetzen ergeben, sich aus dem Vergleich des menschlichen freien Willens als der kausalen Kraft und kausalen Ursache ergeben, die unser Schicksal prägt, aus der Erkenntnis, dass wir selbst Einfluss darauf nehmen können, ob es uns trifft. Wir sind nicht so passiv all dem ausgeliefert, was andere Menschen uns antun, wir können uns dagegen wehren, wir können etwas dafür tun, wir können es überwinden, natürlich bis zu einem gewissen Grad, denn es gibt sicherlich einige Veränderungen, die sich nicht geradebiegen lassen. So wie einem Menschen, der ein Bein verloren hat, kein Bein mehr nachwächst, so sind auch bestimmte seelische Prozesse nicht mehr rückgängig zu machen, aber auf der anderen Seite können wir viel verändern, mehr als wir denken, und das ist optimistisch, das gibt uns Hoffnung. Jetzt findet dieser Phasenübergang in die Ära des Quantenmenschen statt. Solche Prozesse werden normal und akzeptabel sein. Nun mögen sie allzu phantasievoll erscheinen, sie mögen zu sehr mit Magie zu tun haben, aber auch wenn mir jemand solche magischen Praktiken vorwirft, so ist diese meine Magie doch weiße Magie, es ist keine Magie, die jemandem schadet, es ist Magie, die den betroffenen Menschen helfen soll, denjenigen, die genau von diesen inneren, mentalen, emotionalen, seelischen Problemen betroffen sind. Ich bin dabei zu versuchen, die Einstellung einer kognitiven Prothese für Menschen zu zeigen, die unter unvorstellbarem Stress leben, die den Medien ausgeliefert sind, Menschen, die zum Elvis-Presley-Syndrom verdammt sind, Menschen, die große seelische Qualen erleiden, weil sich herausstellt, dass zu viel Interesse und Eigeninteresse an ihrem Leben auch ihnen stark helfen kann, eigentlich vor sehr tiefgreifenden Verhaltensänderungen, großen psychischen Problemen, denn Menschen, die diesem Syndrom des zu großen Interesses an den Medien und am Leben anderer Menschen unterliegen, haben bisher keine wirklichen Präventivmaßnahmen dafür gehabt, keine Mittel gegeben, um sich aus einer solchen Situation des Dauerstresses zu befreien. Stellen Sie sich also vor, Sie sind eine so beliebte Person, dass Sie von den Medien gequält und gepeinigt werden, und die Neugierde der interessierten Menschen auf Ihr Leben ist unerträglich.

Ruhm und Popularität

Ich wende mich nun der heiklen Frage des Ruhmes und der Popularität zu. Auch das hängt von der Veranlagung eines Menschen ab, und manche ertragen es besser, andere schlechter. Die Psychologie ist jedoch ziemlich eindeutig, was die Auswirkungen von Ruhm auf den psychischen Zustand und die Verfassung eines Menschen betrifft. Er ist nicht empfehlenswert, was für die Betroffenen, also die größeren oder kleineren Prominenten und Menschen, die unbedingt und um jeden Preis berühmt werden wollen, seltsam klingt. Und warum? Weil, obwohl zugegebenermaßen das Element des Spirituellen, der Transzendenz in jedem von uns vorhanden ist, unser Gehirn, wie der gesamte Körper, ein Produkt der Evolution ist und unter diesem Gesichtspunkt seine Grenzen hat. Der Mensch entwickelte sich aus kleinen Gruppen von Gemeinschaften, einem Stamm, einem Stamm, einem Stamm, der maximal 300 Stammesangehörige hatte. Und das ist die Anzahl der Bekannten, die der Durchschnittsmensch fast maximal haben kann. Alles, was darüber liegt, ist geradezu schädlich für unsere Psyche und wirkt sich negativ auf unsere geistige Entwicklung aus. Oberhalb dieser magischen Zahl von 300. Bekannten beginnt die Qual, beginnt das Leiden. Aber wenn jemand so berühmt ist, dass er damit fast nur Gewinn macht und die Menschen, seine Fans, ihn ohne einen Hauch von Neid anhimmeln, nun, dann kann man ja noch irgendwie leben. Aber!!! Aber wenn etwas in unserem Leben zusammenbricht und "unsere" Fans das mitbekommen. Einige Scheidungen, Streitigkeiten zwischen prominenten Partnern, Krankheiten, einige emotionale Krisen. Und wenn sich herausstellt, dass wir ganz normale Menschen mit unseren Vor- und Nachteilen sind, kann die Reaktion der "Fans" in einer persönlichen Beziehung, wenn sie ihre Idole treffen, wirklich grausam sein, denn schließlich müssen die Idole, diese "Götter" unserer Zeit, perfekt sein und ein perfektes Leben führen. Und das sind von ihnen (von den Fans) unbewusste, unkontrollierte, man könnte auch sagen: unterschwellige Verhaltensweisen. Letztlich geben sie aber manchen berühmten Menschen einen solchen Schub, dass sie "vor allem zurückschrecken". Es gibt ein paar Dinge, die die Gehirne der Betroffenen tatsächlich verglasen lassen können. Und eines dieser Dinge ist Ruhm und Popularität. Diese unvorteilhafte Berühmtheit und Popularität. Berühmte Menschen bewahren sich vor den ungünstigen Auswirkungen von Ruhm, so verstanden, dadurch, dass sie jeden Tag in bestimmten Enklaven leben, zu denen nur einige wenige Zugang haben. Sie schotten sich nicht so sehr von der Öffentlichkeit ab, sondern beschränken vielmehr den Zugang anderer zu ihnen selbst. Es gibt die Meinung, dass Personen des öffentlichen Lebens in ihrem Leben mit großen Unannehmlichkeiten konfrontiert sind. Praktisch nichts verteidigt dann ihre Privatsphäre. Sehr bezeichnend ist die Haltung der Medienvertreter, die der Meinung sind, dass berühmte Personen und Personen in öffentlichen Positionen praktisch ihres Rechts auf Privatsphäre beraubt werden. Die Medien "verfolgen" diese Personen praktisch. Sie veröffentlichen hemmungslos Material aus ihrem Leben, sogar sehr intime Dinge. Und dies wirkt sich in hohem Maße negativ auf die psychische Verfassung dieser, um nicht zu sagen, "verfolgten" Menschen aus. Darüber wird nicht gesprochen; diese Menschen werden nicht "verteidigt". Andere, die "normalen" Menschen, denken, da die Prominenten Geld und andere Vorteile haben, sollten sie nicht protestieren und Mitleid haben, denn Tausende von anderen Menschen würden gerne an ihrer Stelle sein. Doch die Menschen, diese "normalen" Menschen, diese gewöhnlichen Brotesser, erkennen nicht, wie erschwerend und "schmerzhaft" ein solches Leben auf Dauer für diejenigen ist, die in den Schlagzeilen stehen. Alles wird auf diese Beschränkungen unseres physischen Gehirns, unserer Psyche, geschoben. Diese Beschränkungen, die auf die Körperlichkeit unseres Wesens zurückzuführen sind. Einige dieser Persönlichkeiten des öffentlichen Lebens enden sehr schlecht, wofür es mehr als genug Beispiele gibt. Ich werde hier aber niemanden namentlich erwähnen, weil ich mich nicht der strafrechtlichen Verantwortung und der Verletzung der Persönlichkeitsrechte solcher Menschen aussetzen möchte. Ich kann hier nur darauf hinweisen, dass ich als Schriftsteller hier die Dichterlizenz benutze und geschützt bin. Wer es will, glaubt es, wer es nicht will, glaubt den Inhalten, die ich hier schreibe, nicht. Ich zwinge niemanden; ich behaupte nicht, dass ich immer Recht habe. Aber ich rate jedem, vor einer solchen Entscheidung für ein "öffentliches" Leben gründlich nachzudenken.

Aber glücklicherweise gibt es im Zeitalter des Homo Sapiens Quantum bereits geeignete Methoden oder Quantum Tools, die es Ihnen ermöglichen, mit diesen Unannehmlichkeiten des Lebens einer öffentlichen Person, einer Berühmtheit, "fertig zu werden", oder die es Ihnen ermöglichen, sich selbst in dieser Hinsicht in dieser Zeit viel zu helfen. Was sollte man in einem solchen Fall tun? Für den Fall, dass wir ein solches Leben "ertragen" müssen? Wir müssen ein solches Quantum Tool richtig "einstellen" und konsequent nutzen. Nennen wir in diesem Fall ein solches Werkzeug die kognitive Prothese.

[Beschwören (verzaubern?) in Gedanken oder flüsternd].

...Ich schäle den Punkt Nr. 1 ab, das ist der Punkt, der mit meinem rechten Daumen verbunden ist, das ist der Punkt, der mit (-) verbunden ist, das ist der aktuelle Zustand, der existiert.

Durch die Kraft Meines freien Willens aus Meiner Transzendenz....

...Ich weise dem Punkt Nr.1 eine Zustandsfunktion zu, die definiert und ausdrückt ...

Ich bin ein beliebter Mensch (Schauspieler?). Ich habe Fans in der ganzen Welt, die mein Leben seit vielen Jahren aktiv verfolgen. In den letzten Jahren ist meine Situation jedoch für mich unerträglich geworden. Ich bin zu einer ständigen Quelle der Aufmerksamkeit in- und ausländischer Medien geworden. Das macht mir sogar zu schaffen. Dies geht mit konkreten negativen pathologischen Veränderungen in meinem Gehirn und Nervensystem einher. Dies geht einher mit konkreten negativen Veränderungen in meinem Verhalten, ja sogar in meinem Charakter und in meiner Psyche. Dies geht einher mit konkreten negativen Veränderungen und Zerstörungen in meinem emotionalen System, meinem Gefühlssystem, meinem logischen System, meinem Sicherheitssystem in meinem Gehirn. Dies geht einher mit konkreten negativen Veränderungen und Zerstörungen in meinem Verhalten, in meinem Verhaltensverhalten, in meiner Psyche, in meinem mentalen Verhalten, in meinen Nervenstrukturen, in meinen Gehirnstrukturen in meiner Transzendenz (Höheres Selbst). Manchmal denke ich schon, ich stehe kurz vor einem Nervenzusammenbruch. Mein System in meinem Gehirn: Präfrontallappen - Frontallappen - Amygdala - Hippocampus ist überlastet, übermäßig negativ stimuliert. In meinem Gehirn wird zu viel Cortisol ausgeschüttet, der Neurotransmitter GABA wird nicht ausreichend ausgeschüttet. Ich spüre, dass ich durch Stress und negative Emotionen sogar mitgerissen werde. Es gibt keine positive Korrelation und Interdependenz mehr zwischen den Neurotransmittern Cortisol und GABA, die in meinem Gehirn und Körper ausgeschüttet werden. Ich schlafe nachts nicht mehr durch. Das Schlimmste ist, dass ich vor meinen Mitmenschen, meiner Familie und meinen Freunden die Augen davor verschließen muss, was die Medien mir antun und was ich selbst durch die negativen Veränderungen in meinem Verhalten anrichte. Meine Situation wird von Jahr zu Jahr, von Monat zu Monat schlimmer.

...

... Durch die Kraft meines freien Willens aus meiner Transzendenz lege ich den Gegenstand Nr. 1 auf die messbare Ebene und die nicht messbare Ebene....

[Dies ist der erste Schritt des Algorithmus].

Ein weiterer zweiter Schritt des Algorithmus:

[Beschwörung].

...Ich schäle den Punkt Nr. 2 ab, das ist der Punkt, der mit meinem linken Daumen verbunden ist, das ist der Punkt, der mit (+) verbunden ist, das ist der Zustand, den ich mir wünsche.

Durch die Kraft Meines Freien Willens aus Meiner Transzendenz weise Ich der Zustandsfunktion, die durch den Punkt in der Göttlichen Energiematrix (Heilung) bestimmt wird, punktuell die Nr. 2 zu, was bedeutet....

Ich fühle mich geistig schon viel besser. Meine Nervenstrukturen haben sich bereits beruhigt, meine Gehirnstrukturen, mein Kleinhirn, mein Sympathikus, mein ganzer Geist hat sich bereits beruhigt. Ich fühle mich mental ausgeglichen, ich bin weit davon entfernt, einen mentalen Zusammenbruch zu haben. Ich habe ein starkes, gesundes, leistungsfähiges emotionales System in meinem Gehirn, ich habe ein starkes, gesundes, leistungsfähiges emotionales System und logisches System, ich habe ein starkes, gesundes, leistungsfähiges, gesundes Gefühl der Sicherheit. Mein System in meinem Gehirn:

Präfrontallappen - Frontallappen - Amygdala - Körper - Hippocampus funktioniert gut, ohne Funktionsstörungen oder Anomalien. In meinem Gehirn arbeiten das Dopaminsystem, das Belohnungssystem und das Kontrollsystem gut und harmonisch. Dopamin und Serotonin werden in einer normalen, gesunden und harmonischen Weise ausgeschüttet. Ich habe ein beruhigtes Nervensystem, Nerven. Es wird nicht viel Cortisol ausgeschüttet. Cortisol wird nur in optimaler und gesunder Weise in richtiger Korrelation mit dem ausgeschütteten Neurotransmitter GABA ausgeschüttet. Es ist mir völlig gleichgültig, was die Presse über mich schreibt, was in den Medien über mich gesagt wird. Ich habe eine unendliche mentale Widerstandskraft, ich habe eine unendliche emotionale Widerstandskraft, ich habe eine unendliche logische Widerstandskraft und ich habe eine unendliche Widerstandskraft, was mein Sicherheitsgefühl angeht, gegenüber dem, was die Medien, meine Feinde, Menschen, die mir nicht wohlgesonnen sind, mir und meiner Familie antun oder antun werden. Ich habe eine unendliche mentale Stärke in mir, ich habe eine unendliche emotionale Stärke in mir, ich habe eine unendliche emotionale und logische Stärke in mir, ich habe eine unendliche Stärke, wenn es um mein Sicherheitsgefühl in mir geht, gegenüber dem, was mir und meiner Familie jetzt und in Zukunft negativ widerfährt oder widerfahren wird. Ich bin geistig und körperlich gesund. Ich fühle mich geistig und körperlich gut. Meine Grundschwingung auf der Hawkins-Skala liegt bei 300 Einheiten auf dieser Skala. Ich habe keinen verwirrten Geist; ich habe keinen überladenen Geist. Ich fühle mich leicht, frühlingshaft. Ich bin mit dem Leben zufrieden. Ich genieße das Leben. Und das sind positive und dauerhafte Veränderungen in mir und in der Welt, in der ich lebe.

...

[Beschwörung].

... dieser von mir gewählte Punkt in dieser göttlichen Energiematrix bestimmt die Lösung (+) dieses Problems (von Punkt Nr. 1), bestimmt die Zustandsfunktion, die ich durch die Kraft meines freien Willens dem Punkt Nr. 2 zuweise.

Kraft Meines freien Willens lege ich den Gegenstand Nr. 2 auf die messbare Ebene und die nicht messbare Ebene....

[Dies war der zweite Schritt des Algorithmus].

Der nächste, dritte, Schritt des Algorithmus:

[Beschwörung].

... Durch die Kraft meines freien Willens führe ich jetzt eine Quantenverschränkung von Punkt Nr. 1 mit Punkt Nr. 2 aufgrund der Zustandsfunktionen dieser Punkte durch.

Durch die Kraft Meines freien Willens platziere Ich solche quantenverschränkten Punkte Nr. 1 und Nr. 2 im Heiligen Raum Meines Herzens im Feld Meines Herzens....

...lasse dort, bei jederzeit erhaltener Kohärenz dieser Quantenverschränkung, permanente und positive Quantenprozesse für mich ablaufen, die mit der Intention dieser Verschränkung übereinstimmen. Wenn dort zusätzlich negative Energie abgesondert wird, die mir oder anderen schaden könnte, erde ich sie durch die Kraft meines freien Willens auf eine sichere Weise....

(Es folgt eine Phase des passiven Wartens, die recht lange dauern kann. Wenn es jedoch einen plötzlichen Durchbruch gibt, der als eine Art Krampf, Schüttelfrost, Vibration oder andere eindeutige Körpersignale wahrgenommen wird, beenden wir diese Phase und gehen direkt zum letzten Schritt des Algorithmus über).

Der letzte Schritt des Algorithmus:

[Beschwörung].

...Durch die Kraft meines freien Willens führe ich jetzt eine Dekohärenz (Auflösung) der Quantenverschränkung zwischen den Punkten Nr. 1 und Nr. 2 durch

Wenn ich dabei zusätzliche negative Energie ausstrahle, die mir oder anderen schaden könnte, dann erde ich sie durch die Kraft meines freien Willens.

(Nach Beendigung des Algorithmus schütteln Sie Ihre Hände in Richtung Boden und klatschen zum Abschluss der Sitzung).

Natürlich ist dies nur ein Vorschlag für die "Einstellung" des Kognitiven Proteins für diesen Fall. Jedem Interessierten steht es frei, eine solche Einstellung in Bezug auf sich selbst zu komponieren, ja oder auch etwas anders. Nun ist es noch notwendig, an einem ruhigen Ort, bei entspannender Musik oder in Stille diese Quantenverschränkung so etwa 1,5 Stunden aufrecht zu erhalten. Das heißt, die Zeit hängt weitgehend von der eigenen Begabung ab. Manche können eine solche Séance länger durchführen, andere kürzer, um den richtigen Effekt zu erzielen. Bei der ersten Séance können negative, unerwünschte und schmerzhafte Emotionen, Gefühle, Irritationen ausströmen. Das sollte man lieber aushalten, diese schlechten Energien lösen sich einfach und fließen von uns weg, aus unserem Gehirn, unserem Geist, sie werden uns nicht mehr schaden. Wie ich geschrieben habe, kommen die wirklichen Gewinne erst nach einer Serie solcher Séancen, und diese Serie funktioniert nach der Progression von ½;¼;1/8;1/16;1/32; usw. Aber Sie können sehen, dass nach nur vier Séancen gut durchgeführt, das heißt, optimal durchgeführt, sollten wir loszuwerden, das Problem zu 1/16 des ursprünglichen Wertes, und das ist schon eine Menge.

Es ist auch erwähnenswert, dass es notwendig ist, einen gewissen Abstand zwischen den Séancen einzuhalten, damit die stattfindenden Quantenprozesse vollständig realisiert werden können. Ich verwende mindestens einen Tag eines solchen Intervalls zwischen den Séancen, aber das ist natürlich eine empirische Angelegenheit, so dass jeder für sich selbst eine solche Intervallzeit zwischen den Séancen bestimmen muss.

Ob wir es wollen oder nicht, wir haben dieses Erbe des Animalischen in unserem Gehirn, in unserem Geist, das stark auf uns, auf unsere Seele (Transzendenz) projiziert. Wir werden uns davon nicht befreien, es lohnt sich, in einem gewissen Alter unsere Grenzen in dieser Hinsicht zu kennen. Dieser Animalismus ist für uns in diesem "Leben" auf dieser messbaren Ebene, in der unsere gesamte Körperlichkeit, unsere Sinne, funktionieren, notwendig.

Eine weitere soziale Gruppe, die nun in der Lage sein wird, einer Art psychologischer Gewalt zu widerstehen, werden all jene sein, die aufgrund ihrer Hautfarbe, ihrer sozialen Herkunft oder sogar ihrer Kaste in Gesellschaften verfolgt werden, in denen solche Probleme noch bestehen. Sie werden in der Lage sein, psychologischer Gewalt zu widerstehen, die aus ärmeren Elternhäusern stammen, die weniger gebildet sind, die außerhalb des

Systems stehen. Es wird nicht laut darüber gesprochen, aber alle Arten von Barrieren gibt es immer noch und sie funktionieren sogar in europäischen Gesellschaften, ganz zu schweigen von Asien oder dem armen Afrika. Manchmal stutzen sie ehrgeizigen Menschen, die nur das Pech haben, außerhalb des Systems zu stehen, tatsächlich die Flügel.

Nach diesen Mustern, die ich in diesem Buch gezeigt habe, kann jeder mit ein wenig gutem Willen eine solche kognitive Prothese für sich selbst "einrichten". Und nun schlage ich den Interessierten vor, selbst eine solche Übung durchzuführen. Ich erinnere Sie daran: Wir stellen ein Problem auf, dann die Lösung dieses Problems, und wir verschränken das Ganze mit dem Herzfeld.

Mit diesem letzten Beispiel möchte ich diese kurze Diskussion über die kognitive Prothese in ihrer psychologischen Form abschließen. Schließlich kann die kognitive Prothese und der Stein der Weisen-Algorithmus im Allgemeinen immer noch auf spezifische Schmerzen und Krankheiten des Körpers und der Seele angewendet werden. Ich habe dies teilweise in meinen früheren Veröffentlichungen erörtert. Ich wünsche jedem, dass er die optimale Einstellung für die Krankheiten findet, die ihn persönlich betreffen.

7 Bedrohungen

Die EsoPhysik, oder besser gesagt, die sich daraus ergebenden praktischen Konsequenzen, zeigen, dass die Magie in der Tat das Ergebnis der Anwendung von Quantengesetzen ist. Mit anderen Worten, man kann sogar sagen, dass diese traditionelle Magie gerechtfertigt ist. Da dies der Fall ist, stellt sich die Frage, warum die Magie vom offiziellen Mainstream der Wissenschaft immer bekämpft wurde, anstatt sie zu fördern und zu entwickeln? Die Antwort ist, weil sie gefährlich ist und war und man sie nie so "kontrollieren" konnte, dass sie beherrschbar gewesen wäre. Schon vor dem Zeitalter der Aufklärung, das die Finsternis, die Quacksalberei und den Aberglauben (sprich: die Magie) unverhohlen und offen bekämpfte, wurden alle Erscheinungsformen der Magie bekämpft. Vor allem für die Kirche war sie ein Hauptgegner. Doch mit dem Aufkommen aufgeklärterer Jahrhunderte wurde die Magie umso mehr zum sprichwörtlichen Prügelknaben. Von damals bis heute hat sich die Situation dadurch verfestigt und sogar noch verschärft, dass die vorherrschende wissenschaftliche Interpretation (genau: Interpretationen) der Quantenphysik streng materialistisch, atheistisch und einstufig ist und nur den strengen Physikalismus anerkennt. Das heißt, was die Messgeräte nicht anzeigen, ist ontologisch nicht existent. Leider haben neuere wissenschaftliche Strömungen damit begonnen, vorsichtig zuzugeben, dass es vielleicht noch etwas anderes gibt, das sich dem Physikalismus nicht beugt. Es geht eben um die Quantenverschränkung und die Beobachtung, dass in der Quantenverschränkung entgegen Albert Einsteins Allgemeiner Relativitätstheorie Quantensprünge doch nicht unter den gleichen Bedingungen stattfinden können wie alle anderen physikalischen Prozesse. Meine Antwort und mein Vorschlag zur Lösung dieser Paradoxien ist die esoPhysik und ihre grundsätzliche Aufteilung der Wirklichkeit in zwei Ebenen. In eine messbare Ebene und eine nicht messbare Ebene. Ich werde hier natürlich nicht die gesamte esoPhysik mit ihren Lösungen für die großen Paradoxien der alten Quantenmechanik zusammenfassen. Es lohnt sich jedoch festzustellen, dass die esoPhysik die Existenz und das Wirken der Magie, die ich wissenschaftliche Magie nenne, sanktioniert und bestätigt. Darüber hinaus zeigt die esoPhysik, nach welchem Prinzip die Magie heute erklärt werden kann. Sie gibt aber auch jedem, der mit der esoPhysik vertraut ist, eine Waffe in die

Hand, um gegen alle negativen Folgen dieser Magie zu kämpfen. Es ist möglich, und das ist ein sehr optimistischer Ansatz, sich erfolgreich gegen negative Magie zu wehren, sagen wir: Schwarze Magie. Sozusagen, indem man ein Gegenmittel gegen diese schlechte Magie einsetzt. Das ist so im Rahmen dessen, was die Gefahren der Anwendung der Quantengesetze sind.

Nun, da sind sie, diese böse wissenschaftliche Magie. Aber gleich darauf gibt es ein Gegenmittel. Es wird die gleiche wissenschaftliche Magie sein, aber für einen guten Zweck eingesetzt, von uns. Die Menschen bekommen nicht nur geistige Quantenwerkzeuge zur Verfügung gestellt, sondern auch eine Waffe gegen die böse traditionelle Magie. Denn in den Kreisen der Mainstream-Wissenschaft wird nicht laut darüber gesprochen und geredet, aber die Magie hat immer gut funktioniert und floriert, trotz der Tatsache, dass sie von der Wissenschaft nicht ernst genommen wurde. Und besonders gefährlich waren schon immer die Schwarzmagier und Hexen, die ihre Praktiken nahezu ungestraft ausübten, im Sinne einer Rechenschaftspflicht gegenüber dem Gesetz. Das war wohl auch der Hauptgrund dafür, dass sich die Wissenschaft so sehr von allem, was nicht messbar war und ist, abgegrenzt hat. Aber es ist an der Zeit, den Kopf nicht länger in den Sand zu stecken. Es ist an der Zeit, sich im Zeitalter des Homo Sapiens Quantum der vollen Wahrheit zu stellen. Es ist notwendig, die Postulate der esoPhysik als selbstverständlich anzusehen. Denn was uns die Wissenschaft des 20. Jahrhunderts zu servieren versucht, ist wahre Finsternis und Aberglaube, ergänzt durch wissenschaftlichen Aberglauben. Es sind die Nachwehen des Heidentums, die uns die ganze Zeit begleiten. ...Die Wahrheit wird euch frei machen.... -in den Worten der Bibel.

Ja, wie ich geschrieben habe, überall dort, wo das Wirken des freien Willens des Menschen als neue Urkraft und Ur-Ursache zugelassen wird, haben wir es, ob wir es wollen oder nicht, mit Magie zu tun. Dabei wird es sich um traditionelle Magie handeln, wenn wir die Quantengesetze intuitiv behandeln, oder es wird wissenschaftliche Magie sein, Quantenmagie, wenn wir die Quantengesetze einschließlich der Quantenverschränkung, dem magischsten aller Quantengesetze der Natur, bewusst nutzen.

Und obwohl die Wissenschaft die Magie nie als eine Art Schlüsselelement der wissenschaftlichen Erzählung anerkannt hat, hat dies die Magier und Zauberinnen in keiner Weise gestört. Wäre die Magie auf die weiße Magie beschränkt, gäbe es kein Problem. Doch Magier, die an ihre Straffreiheit gewöhnt sind, überschreiten die Grenze und setzen böse Magie gegen unschuldige Menschen ein. Die Menschen haben bisher keinen Schutz vor solchem Übel gehabt. Daher blieb ihnen nichts anderes übrig, als sich passiv zu wehren und zu hoffen, dass sie nicht Opfer einer solchen Tat werden würden. Heute jedoch, da es eine Methode gibt, lohnt es sich, von Zeit zu Zeit einen solchen Stein der Weisen-Algorithmus einzustellen, um sich vor solchen unerwarteten und versteckten Angriffen zu schützen. Hier möchte ich nun vorschlagen, ein mentales Quantenwerkzeug (Stein der Weisen Algorithmus) gegen den versteckten Angriff der schwarzen Magie auf uns einzurichten.

: Setzen Sie sich irgendwo hin in einer bequemen Haltung oder legen Sie sich auf den Rücken. Versuchen Sie, Ihre Familie zu zwingen, Sie während dieser Zeit (ein paar Dutzend Minuten) nicht zu stören. Sie können sich von ruhiger Entspannungsmusik (Chillout-Musik) im Hintergrund begleiten lassen.

[Beschwören (verzaubern?) in Gedanken oder flüsternd].

...Ich schäle den Punkt Nr. 1 ab, das ist der Punkt, der mit meinem rechten Daumen verbunden ist, das ist der Punkt, der mit (-)

verbunden ist, das ist der aktuelle Zustand, der existiert.

Durch die Kraft Meines freien Willens aus Meiner Transzendenz....

...Ich weise dem Punkt Nr.1 eine Zustandsfunktion zu, die definiert und ausdrückt ...

Ich lese intuitiv, dass ich seit einiger Zeit Opfer von schwarzer Magie gegen mich oder meine unmittelbaren Familienmitglieder bin. Aus diesem Grund ist mein mentales System geschwächt, mein emotionales System ist geschwächt, mein emotionales System ist geschwächt, mein logisches System ist geschwächt. Ich habe eine Art seltsame Pechsträhne in meinem Privatleben, aber auch in meinem Berufsleben. Trotz meiner Bemühungen scheinen alle meine Bemühungen fehlgeleitet und unwirksam zu sein, offensichtlich wünscht mir jemand etwas Schlechtes. Eine Art Fluch lastet auf meinem Schicksal, jemand spielt absichtlich mit meinem Schicksal in diesem negativen Sinne. Und ich bin völlig hilflos und beobachte an mir auch zunehmende gesundheitliche Probleme.

Auch das wirkt sich sehr negativ auf mein Wohlbefinden aus.

...

... Durch die Kraft meines freien Willens aus meiner Transzendenz lege ich den Gegenstand Nr. 1 auf die messbare Ebene und die nicht messbare Ebene....

[Dies ist der erste Schritt des Algorithmus].

Ein weiterer zweiter Schritt des Algorithmus:

[Beschwörung].

...Ich schäle den Punkt Nr. 2 ab, das ist der Punkt, der mit meinem linken Daumen verbunden ist, das ist der Punkt, der mit (+) verbunden ist, das ist der Zustand, den ich mir wünsche.

Durch die Kraft Meines Freien Willens aus Meiner Transzendenz weise Ich der Zustandsfunktion, die durch den Punkt in der Göttlichen Energiematrix (Heilung) bestimmt wird, punktuell die Nr. 2 zu, was bedeutet....

Ich habe die Wirkung der schwarzen Magie gegen mich und meine Familie vollständig neutralisiert. Ich unterwerfe mich in dieser Hinsicht dem vollen Schutz von Erzengel

Michael. Ich habe ein starkes, gesundes, Funktionieren meines Systems: mental, emotional, emotional, logisch. Jeder, der Magie gegen mich oder meine Familie einsetzt, schadet mir nicht, verletzt mich nicht, tut mir nichts Böses. Ein solcher Mensch schadet mir oder meiner Familie nicht, er schadet nur sich selbst, und das auf eine mächtige Art und Weise. All dies wirkt sich nicht negativ auf meine Psyche aus, es wirkt sich nicht negativ auf meine Emotionen aus, es wirkt sich nicht negativ auf meine Gefühle aus, und es wirkt sich nicht negativ auf mein Karma aus. Es fließt alles zu mir hinunter, wie Wasser über eine Ente fließt, es ist mir völlig gleichgültig. Mir geht es sehr gut. Ich bin geistig und körperlich gesund, und die Magier halten sich von mir und meiner Familie fern. Und das ist eine positive und dauerhafte Veränderung in mir und der Welt mir gegenüber.

...

[Beschwörung].

... dieser von mir gewählte Punkt in dieser göttlichen Energiematrix bestimmt die Lösung (+) dieses Problems (von Punkt Nr.1), bestimmt die Zustandsfunktion, die ich durch die Kraft meines freien Willens dem Punkt Nr.2 zuweise.

Kraft Meines freien Willens lege ich den Gegenstand Nr. 2 auf die messbare Ebene und die nicht messbare Ebene....

[Dies war der zweite Schritt des Algorithmus].

Der nächste, dritte, Schritt des Algorithmus:

[Beschwörung].

... Durch die Kraft meines freien Willens führe ich jetzt eine Quantenverschränkung von Punkt Nr. 1 mit Punkt Nr. 2 aufgrund der Zustandsfunktionen dieser Punkte durch.

Durch die Kraft Meines freien Willens platziere Ich solche quantenverschränkten Punkte Nr. 1 und Nr. 2 im Heiligen Raum Meines Herzens im Feld Meines Herzens....

...lasse dort, bei jederzeit erhaltener Kohärenz dieser Quantenverschränkung, permanente und positive Quantenprozesse für mich ablaufen, die mit der Intention dieser Verschränkung übereinstimmen. Wenn dort zusätzlich negative Energie abgesondert wird, die mir oder anderen schaden könnte, erde ich sie durch die Kraft meines freien Willens auf eine sichere Weise....

(Es folgt eine Phase des passiven Wartens, die recht lange dauern kann. Wenn es jedoch einen plötzlichen Durchbruch gibt, der als eine Art Krampf, Schüttelfrost, Vibration oder andere eindeutige Körpersignale wahrgenommen wird, beenden wir diese Phase und gehen direkt zum letzten Schritt des Algorithmus über).

Der letzte Schritt des Algorithmus:

[Beschwörung].

...Durch die Kraft meines freien Willens führe ich jetzt eine Dekohärenz (Auflösung) der Quantenverschränkung zwischen den Punkten Nr. 1 und Nr. 2 durch

Wenn ich dabei zusätzliche negative Energie ausstrahle, die mir oder anderen schaden könnte, dann erde ich sie durch die Kraft meines freien Willens.

(Nach Beendigung des Algorithmus schütteln Sie Ihre Hände in Richtung Boden und klatschen zum Abschluss der Sitzung).

Dies ist nur ein solches Beispiel, und wahrscheinlich würden viele von Ihnen ein solches mentales Quantum Tool etwas anders "einstellen". Ich kann Sie also nur ermutigen, Ihre eigenen "Einstellungen" des Steins der Weisen der Algorithmen zu konstruieren. Es gibt viele Kanäle auf YouTube.com, die spezielle Musik- und Videodateien anbieten, die genau diesem Thema der Bekämpfung der schwarzen Magie gewidmet sind. Sie arbeiten nach dem Prinzip der Resonanz, so dass die Kraft ihrer Aktion definitiv größer ist.

Das Inhaltsverzeichnis:

Einführung

1. Quantenpsychologie. Anpfiff

2. Traditionell nehmen

3. Stress

4. Seltsame Energie

5. Menatale Quantenwerkzeuge

6. praktische Anwendung der mentalen Quantum Tools

a. Psychologische Prävention

b. Karten des Bewusstseins, Relative Moralische Energieebene µ.

c. Psychologische Behandlungen

7. bedrohungen

www.ingramcontent.com/pod-product-compliance
Lightning Source LLC
Chambersburg PA
CBHW052145220526
45471CB00004B/1529